前 言

与花为友

和花儿成为好朋友。

本书就是为了这个愿望而写的。

一年四季的花店门前和橱窗里

都摆放着许多不同种类的花儿。

除了畅销不衰的蔷薇、郁金香、康乃馨,

儿时玩耍的野地里让人怀念的小花儿,

还有别人赠送的花束中稀奇少见的花儿等等,

那些花儿的名字,你知道多少呢?

一枝花,就可以使你心情平静,

让你的生活充满活力。

所以,每个或特别或平凡的日子里,

都轻松愉快地欣赏花儿去吧。

赏花,先得记住花儿的名字,

再了解它们的习性和特征。

这本书一定能帮助你，让你和花儿成为好朋友。

在花店看到不知名的花儿时，

试着翻开这本书找一找。

这本书，

虽然省略了植物图集里学术般的文字说明，

但却介绍了几乎谁都会感兴趣的

话题和插花的要领等。

那为了让大家清楚地了解花儿的整体和细部而拍摄的照片，

对喜欢绘画或是手工制作工艺花的人会有所帮助吧。

本书在对花如何进行装饰和欣赏方面没有规定。

即使没有花道和插花的知识也没关系。

只要心中存有"我喜欢花"的这种心情就可以了。

和许许多多的花儿成为更好的朋友，

期待着一个适合你的有花的生活。

本书的说明

花材名
不是学术上的正式的学名，而是一般在花店流通的名称。

别名
除了一般在花店流通的名称外，还有别名的，将其写在花材的名称下角。

英文名
在美国和英国等国的英语圈中使用的名称。日本原有的植物等在没有英文名的情况下，用罗马字来表示。

花材的说明
对花材的性质和特征、名称的由来、在插花时的使用方法等等进行了说明。根据花材的不同，对每个部位的关键点插入了说明。

花色
一般在市场上流通的不同花色用带有颜色的花的图标来表示。在产地花材的生产量极少并且一般的人几乎买不到的花材，在此不用颜色做标记。另外，不包含染色花材的颜色。

红色　粉色　橙色　黄色
白色　紫色　蓝色　绿色
灰色（银色）　茶色　黑色

※对颜色的浓淡没有区别表示。例如，深黄色和米色也用同一颜色的图标来表示。

花材的照片
书中登载了花材整体的照片。根据花材的不同，对花朵、叶子和花苞等细部也登载了清晰放大的照片。

花材资料
植物分类：指植物学上的"科•属"。**原产地**：指本植物（或原种第一次）被发现的地区。**日本名**：指日本原有的花名和通称。**花期**：指在日本国内以自然状态开花的时期。根据地区不同会有所差异。**市场流通规格**：指在市场上流通的枝条长度的大致规格。而在花店流通的枝条长度没有规格限制。**花朵（果实•叶）尺寸**：对花朵来说，直径不够2cm的叫"小朵"，不够5cm的叫"中朵"，5cm以上叫"大朵"。根据品种不同，个别花朵也会有所差异，始终也只是一个大概的尺寸。**价格范围**：指在花店出售的1支鲜花的大概的价格。根据季节和流通数量、地区、品质等不同会有相当的差异。

花语
根据花形、花色、香味等所给人的印象，以及宗教的、历史的含义，将起源于古代并流传至今的花语搜集起来介绍给大家。根据不同的国家和文化背景等，花语也会有所差异。

上市时间
花材在市场上流通并在花店出售的时期。根据不同的地区和气候而有所差别，甚至与实际的花期完全不同。

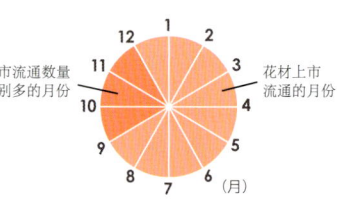

上市流通数量特别多的月份　花材上市流通的月份

在本书中，将在花店等地上市的新鲜的花材分为"切花""切枝""切果""切叶"等四类，按日语的五十音的顺序进行介绍。
"切花"是指作为插花主角的可观赏花色和花形的花材、
"切枝"是指剪切下来的木本枝条的花材、
"切果"是指可观赏的果实和种子的花材、
"切叶"是指作为插花的配角的叶子等的花材。

菊花品种目录

受欢迎的切花品种目录

将以下17种人气特别高的切花，使用一页以上的篇幅，对在市场上受欢迎的品种和新品种等以目录的形式做介绍。请参考其花形、花色、开花方式等等。

- 绣球（P16）
- 朱顶红（P24）
- 六出花（P28）
- 康乃馨（P41）
- 非洲菊（P45）
- 菊　花（P52）
- 波斯菊（P68）
- 补血草（P84）
- 紫罗兰（P86）
- 大丽花（P95）
- 郁金香（P97）
- 翠　雀（P103）
- 洋桔梗（P107）
- 月　季（P120）
- 向日葵（P132）
- 百　合（P160）
- 花毛莨（P164）

※ 因切花的品种不断改良，根据品种发生的变化，今后也有不流通的可能。

插花实例

实际使用花材来插花的例子以照片的形式做了介绍。请参考花器和插法、花材的组合搭配等。

便笺贴

水养时间：可观赏切花和切果、切叶等的时期。根据气候和放置场所的不同而有所差别。切口处理方式：适合植物的吸水方式。各种吸水方式在P246中有详细的解说。注意要点：插花时应事先了解的注意事项。搭配花材推荐：为插花而推荐的较为合适的花材。

可成为压花和压叶、干花、百花香、精油（Essential oil）等的原料的花材，分别做上不同的标记。

前言 2
本书的说明 4

切花篇

冰岛罂粟 12
荷兰鸢尾 13
藿香蓟 14
百子莲 15
绣球 16
雪山绣球 18
翠菊 19
大星芹 20
落新妇 21
尾穗苋 22
冠状银莲花 23
朱顶红 24
柔毛羽衣草 26
花葱 27
六出花 28
红掌 30
小米 31
拟堇花兰 32
瘤毛獐牙菜 33
柳叶鬼针草 34

屈曲花 35
刺芹 36
树兰 37
女郎花 38
虎眼万年青 39
文心兰 40
康乃馨 41
非洲菊 45
满天星 47
袋鼠爪花 48
马蹄莲 49
桔梗 50
风铃草 51
菊花 52
吉利草 54
硫华菊 55
金鱼草 56
垂筒花 57
唐菖蒲 58
白孔雀草 59
白玉草 60
金槌花 61
圣诞玫瑰 62
新南威尔士州角瓣木 63
嘉兰 64
姜荷花 65

荷包牡丹 …………… 66	大丽花 …………… 95
鸡冠花 …………… 67	郁金香 …………… 97
波斯菊 …………… 68	巧克力秋英 …………… 101
宫灯百合 …………… 70	紫娇花 …………… 102
蝴蝶兰 …………… 71	翠雀 …………… 103
仙客来 …………… 72	蝴蝶石斛 …………… 105
茵芋 …………… 73	穗花婆婆纳 …………… 106
打破碗花花 …………… 74	洋桔梗 …………… 107
芍药 …………… 75	欧洲油菜 …………… 112
高雪轮 …………… 76	石竹 …………… 113
宿根香豌豆 …………… 77	娜丽花 …………… 114
大花蕙兰 …………… 78	黑种草 …………… 115
姜花 …………… 79	浙贝母 …………… 116
水仙 …………… 80	绒毛饰球花 …………… 117
香豌豆 …………… 81	羽衣甘蓝 …………… 118
芒草 …………… 82	兜兰 …………… 119
日本蓝盆花 …………… 83	月季 …………… 120
补血草 …………… 84	大花三色堇 …………… 128
紫罗兰 …………… 86	Bulbinella …………… 129
红三叶草 …………… 88	蒲苇 …………… 130
鹤望兰 …………… 89	万代兰 …………… 131
多枝菊 …………… 90	向日葵 …………… 132
欧洲木绣球"玫瑰" …………… 91	针垫子花 …………… 134
千日红 …………… 92	风信子 …………… 135
新娘花 …………… 93	寒丁子 …………… 136
黄莺 …………… 94	佩兰 …………… 137

contents

法绒花 …… 138	木百合 …… 167
圆叶柴胡 …… 139	宿根羽扇豆 …… 168
天蓝尖瓣木 …… 140	龙胆花 …… 169
小苍兰 …… 141	大阿米芹 …… 170
白球花 …… 142	硬叶蓝刺头 …… 171
翠珠花 …… 143	西澳蜡花 …… 172
红花 …… 144	勿忘草 …… 173
帝王花 …… 145	地榆 …… 174
全缘铁线莲 …… 146	
红鸟蕉 …… 147	
虾衣花 …… 148	
堆心菊 …… 149	

切枝篇

玛格丽特花 …… 150	腺柳 …… 176
八宝景天 …… 151	山苍子 …… 177
万寿菊 …… 152	木莓 …… 178
小白菊 …… 153	龙爪柳 …… 179
日本裸菀 …… 154	麻叶绣线菊 …… 180
三岛柴胡 …… 155	凤尾柏 …… 181
葡萄风信子 …… 156	红瑞木 …… 182
大麦 …… 157	樱花 …… 183
矢车菊 …… 158	素馨 …… 184
莫氏兰 …… 159	黄叶日本柳杉 …… 185
百合 …… 160	日本吊钟花 …… 186
立金花 …… 163	山茶 …… 187
花毛茛 …… 164	柊树 …… 188
阳光百合 …… 166	南天竹 …… 189

贴梗海棠 190

绒柏 191

松树 192

日本冷杉 194

银荆 195

槲寄生 196

花桃 197

欧丁香 198

珍珠绣线菊 199

蜡梅 200

秘鲁胡椒树 214

黑莓 215

观果凤梨 216

切叶篇

散尾葵 218

芒萁 218

常春藤 219

天门冬 219

白鸢尾 220

小天使蔓绿绒 220

布什绵 221

松萝凤梨 221

甘蓝叶 222

树熊草 222

珍珠吊兰 223

加莱克斯草 223

银叶菊 224

钢草 224

珍珠银叶相思树 225

甜蜜蔓爬山虎 225

鸟巢蕨 226

狼尾蕨 226

阔叶武竹 227

切果篇

菝葜 202

圆锥椒 203

醋果 204

雪果 205

蓝花茄 206

草珊瑚 207

野蔷薇果 208

南蛇藤 209

欧洲琼花（地中海荚蒾）.... 210

射干 211

五指果 212

红果金丝桃 213

黍..................... 227

西番莲................. 228

龙血树................. 228

玉山悬钩子............. 229

木贼................... 229

叶兰................... 230

细叶海桐花............. 230

玉竹................... 231

新西兰麻............... 231

长穗赤箭莎............. 232

熊草................... 232

喜林芋................. 233

水葱................... 233

薄荷................... 234

尤加利树............... 234

蜡菊................... 235

金边阔叶麦冬........... 235

假叶树................. 236

草叶蕨................. 236

棉毛水苏............... 237

蔓生百部............... 237

虾蟆秋海棠............. 238

北美白珠树............. 238

花与插花 的基础知识

Lesson1 了解·挑选花材........... 240

Lesson2 插花道具运用自如......... 244

Lesson3 花材的切口处理方式....... 246

Lesson4 插花的基本技法........... 248

Lesson5 赠花..................... 252

附录 根据花色·季节·用途的不同分类
　　　推荐花材一览表............. 254

切花篇

冰岛罂粟

Iceland poppy

就罂粟而言，在市场上流通的几乎都是“冰岛罂粟”。它们在寒冷的冬天里就在花店的门前摆放着。忸怩作态而伸长的花茎顶端长着密被褐色刚毛的卵形花蕾。下垂的花蕾渐渐地抬起头时，花蕾的萼皮就会分成两半，从里面就会张开像绉纱衬衣纸似的薄薄的4片花瓣。因为冰岛罂粟是以不同花色混扎成束来上市流通的，所以也可以灵活利用这样的花束的花茎的线条来进行插花装饰。此处，其落落大方的姿态，也使其成为绘画和手艺爱好者经常采用的对象。

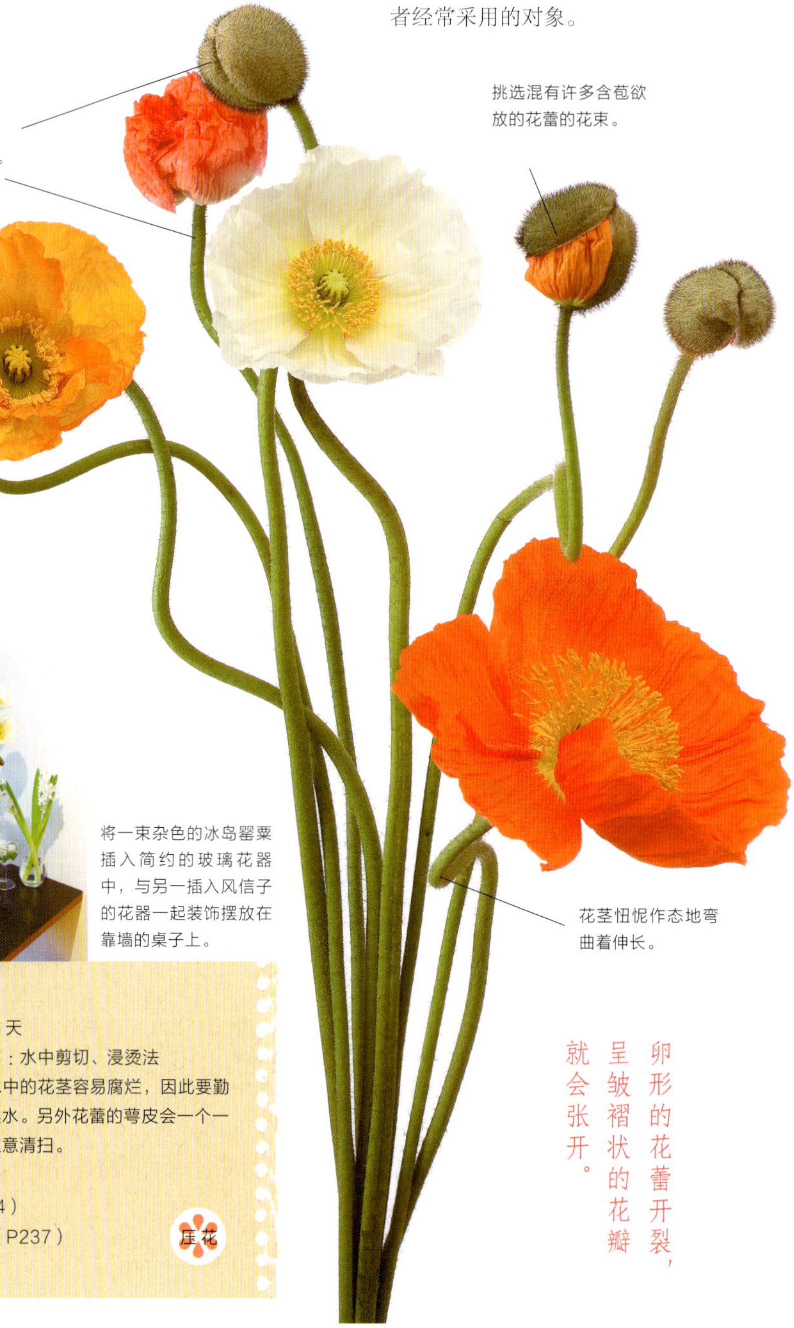

花茎和花蕾上密被刚毛。
挑选混有许多含苞欲放的花蕾的花束。
花茎忸怩作态地弯曲着伸长。

卵形的花蕾开裂，呈皱褶状的花瓣就会张开。

插花实例

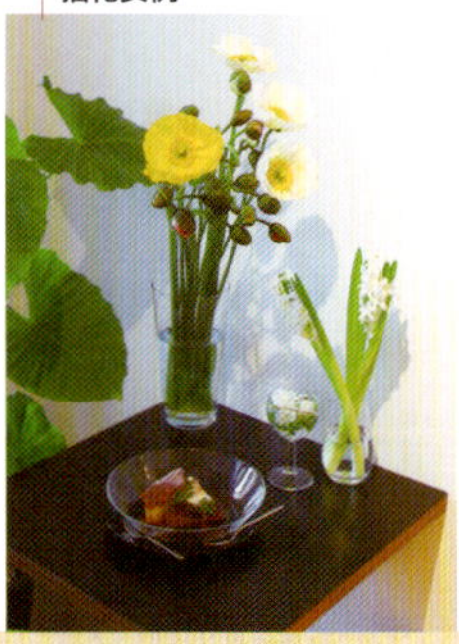

将一束杂色的冰岛罂粟插入简约的玻璃花器中，与另一插入风信子的花器一起装饰摆放在靠墙的桌子上。

Data

植物分类：
罂粟科罂粟属

原产地：
西伯利亚
及亚洲北部

日本名：
西伯利亚雏罂粟、
虞美人草

花期：4—5月

市场流通规格：
30~50cm

花朵尺寸：中 • 大

价格范围：
不同花色合为一束
300~500日元

花语
忍耐、安慰、
忘却

上市时间

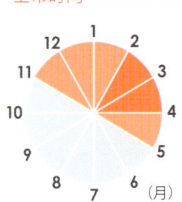

1
2
3
4
5
6
7
8
9
10
11
12
（月）

便笺贴

水养时间：3~5天

切口的处理方式：水中剪切、浸烫法

注意要点：在水中的花茎容易腐烂，因此要勤剪切茎基和勤换水。另外花蕾的萼皮会一个一个地脱落，要注意清扫。

搭配花材推荐：

钢草（P224）
蔓生百部（P237）

压花

荷兰鸢尾

Iris

让人想起花菖蒲的花色和花姿，在日本传统插花里也大显身手。

在花店里一说到"鸢尾"，一般指的是照片所示的"荷兰鸢尾"。它是在荷兰经过杂交的球根鸢尾，其特征是在花瓣的中央部分的根部有黄斑。姿态优美的花形和挺直的花茎以及叶子的线条等与花菖蒲相似，与切枝等搭配也适合日本传统的插花。

鸢尾的拉丁读法为"伊丽丝"，取自于希腊神话中的彩虹神"伊丽丝"。

大花瓣的中央部分的根部有黄斑。

选择叶子既水灵又硬挺的鸢尾

便笺贴

水养时间：3~7天
切口的处理方式：水中剪切
注意要点：注意花苞遇水时，有时会不开花。
搭配花材推荐：
翠雀（P103）
珍珠绣线菊（P199）

插花实例

只用荷兰鸢尾作成的花束也给人深刻的印象。用与花同色的拉菲草进行捆绑是这个花束的一个要点。

Data

植物分类：
鸢尾科鸢尾属
原产地：
欧洲
地中海沿岸
日本名：
荷兰文目、
西洋菖蒲
花期：4—5月
市场流通规格：
50~70cm
花朵尺寸：中●大
价格范围：
150~300日元
花语
音信、好消息、爱意
上市时间

藿香蓟
Flossflower

花瓣像绒毛似的小花呈球状聚集开放。花名取自希腊语"不老"之意，也就是从藿香蓟的花可长期保持不褪色而得来的。在市场上流通较多的蓝色、紫色系品种，花形像变小的蓟似的，日本名叫"藿香蓟"。它作为插花的配材，在需要突出优雅的氛围和强调色彩时起到重要的作用。另外，藿香蓟不喜欢潮湿，注意不要把水浇到花蕾和花朵上。

聚集在一起开放的直径1~2cm的小花，花色不易褪色。

像绒毛似的可爱的小花，即使作为插花的配材也大显身手。

叶多时要再次摘除整理后使用。

便笺贴

水养时间：5~7天
切口的处理方式：水中剪切、浸烫法
注意要点：不喜潮湿的环境，宜放置在通风明亮的场所。由于花蕾易脱落，要小心照看。
搭配花材推荐：
欧洲木绣球"玫瑰"（P91）
洋桔梗（P107）

插花实例

将藿香蓟随意地短插在迷你花盆中，营造一种自然的感觉。

Data

植物分类：
菊科藿香蓟属
原产地：
中美洲热带地方
日本名：
藿香蓟
花期：5—10月
市场流通规格：
20~60cm
花朵尺寸：小
价格范围：
150~250日元
花语
信赖、快乐的日子
上市时间

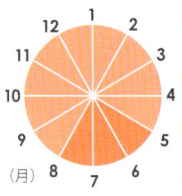

百子莲

Agapanthus

百子莲的日语花名取自希腊语“爱之花（Agapanthus）”的发音。长长的花茎的顶端开着呈放射状的 30~50 朵小花，有单瓣和重瓣的品种。注意若照射不到阳光，就会有花苞不开放且脱落的情况发生。那有长长的雄蕊、细细的花瓣的蓝花和紫花的品种，给人一种凉爽的印象。利用长花茎的线条可插出简练的插花作品。不论是作为日式风格还是西式风格的花材都很适合。

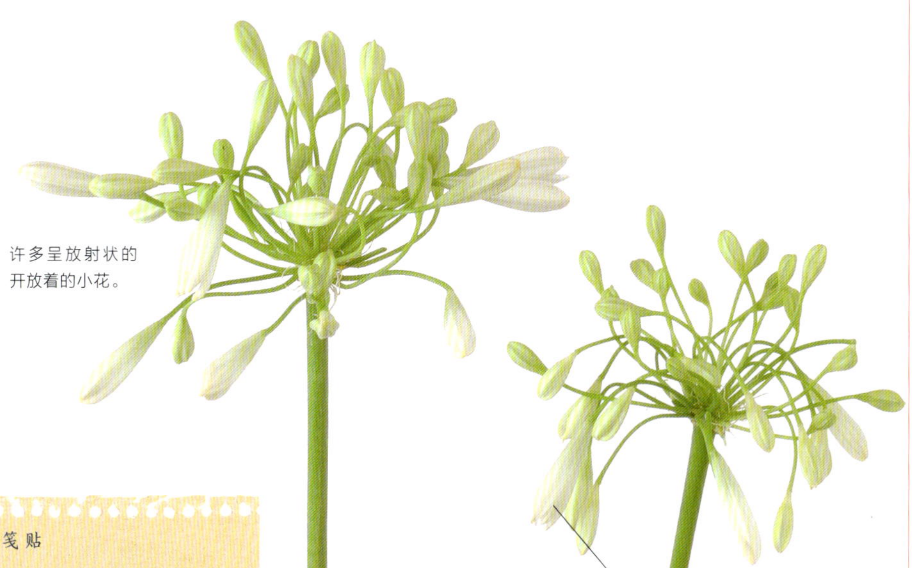

许多呈放射状的开放着的小花。
一旦开花，花朵就向下垂的品种较多。

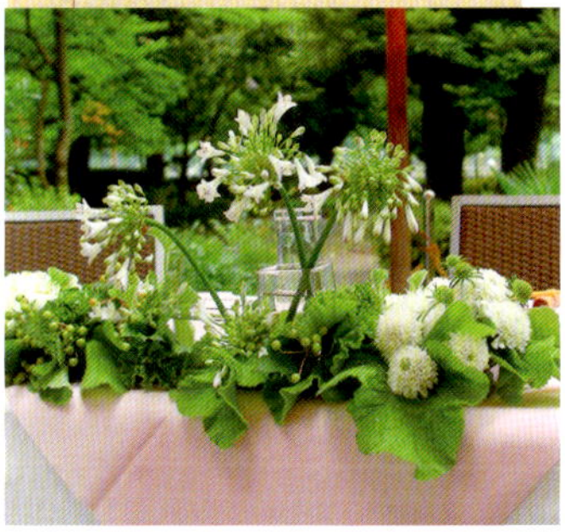

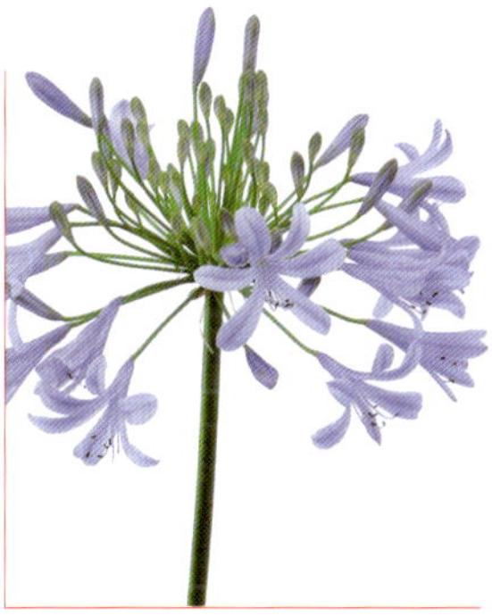

推荐为日式风格和西式风格的插花花材。插花时灵活运用花茎的线条。

便笺贴

水养时间：5~7 天

切口的处理方式：水中剪切

注意要点：不喜欢阴暗，放置于阳光照射的明亮的场所。

搭配花材推荐：

日本蓝盆花（P83）

月季（P120）

插花实例

为了突出百子莲长茎的线条，在桌面上矮插月季和日本蓝盆花等花材。

让人感到清凉的蓝色花。

Data

植物分类：

百合科

百子莲属

原产地：

南非

日本名：

紫君子兰

花期：5—8 月

市场流通规格：

30~80cm

花朵尺寸：小

价格范围：

200~400 日元

花语

爱情到来、爱情降临

上市时间

12
1
2
3
4
5
6
7
8
9
10
11
(月)

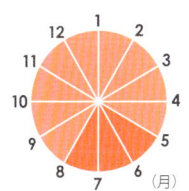

绣球 Hydrangea

一说绣球，就会有这是在梅雨季节开的花儿的印象。但最近一整年各种花色和品种都上市流通了。除了蓝色系和粉色系品种较多的"绣球"，还有以枯叶状上市的古润色"秋色绣球"、呈金字塔形密生的"圆锥绣球（Minazuki）"等品种也广为人知。

那密集在一起开放的小花，看上去像花，实际上是花萼。绣球不论是作为插花和花束的主角，还是作为花与花之间填补空隙的配角都很活跃。绣球吸水力较弱，对切口采用烧灼法、从切口处垂直向上深剪的方法来促使它更好地吸水吧。

看上去像花，实际上是花萼。既可作为插花的主花也可作为配花。

看上去像花的是花萼。

因吸水力较弱，要好好对切口进行处理。

Data

植物分类： 虎耳草科 绣球属
原产地： 日本、东亚
日本名： 紫阳花、七变化
花期： 5—7月
市场流通规格： 40~80cm
花朵尺寸： 小（对于花序来说是比较大的）
价格范围： 400~3000日元
花语： 见异思迁、爱情不专一、冷酷、变节、冷淡的人
上市时间：

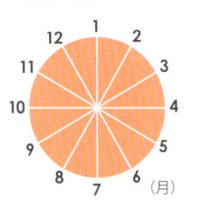

插花实例

将剪短的秋色绣球放进装有少量水的玻璃花器里，轻浮于水后，可欣赏到其微妙的色调变化。

便笺贴

水养时间： 5天~2周
切口处理方式： 水中剪切、烧灼法、切口基部十字剪切法
注意要点： 由于易丧失水分，插花前要让它充分吸水。
搭配花材推荐：
马蹄莲（P49）
洋桔梗（P107）

绣球的品种目录

插花实例

高雅的深棕红色的马蹄莲和洋桔梗一起搭配插成圆球形的作品。用细长的绿色切叶插出动感。

以枯叶状上市流通的"秋色绣球"。有从绿色到紫色的微妙的色差变化。

从绿色到粉红色的微妙的色差变化，构成了美丽的"秋色绣球"。可用于高雅的插花。

给人以清爽的印象的淡绿色的"秋色绣球"。与白色的花材搭配起来也很美。

这也是染色的花材。用药物处理后变为黄色花。叶子还是以自然的状态生长。

被染成鲜艳橙色的花材最近也在市场上流通了。

雪山绣球

Hydrangea "Anabelle"

雪山绣球是绣球属的一种，与一般的绣球相比，它的一朵一朵花很细小，叶子和花茎也给人一种奢华的印象。开放着的那些小花聚集呈直径约15cm的手球状。随着开花的深入，花色发生从绿色到淡绿色、奶白色、纯白色的变化，散发着无以言表的高雅。

雪山绣球有一个稀有的美丽花语："一心一意的爱"，因此经常在作为礼物赠送的花束中使用。

随着开花的深入，花色由绿色转变为淡绿色至白色。

叶片比一般的绣球要小而薄。

随着开花的深入，花色发生从绿色到纯白色的变化。

Data

植物分类：
虎耳草科
绣球属

原产地：
北美洲

日本名：
美国糊之木

花期：
5—7月

市场流通规格：
40~80cm

花朵尺寸：小
（对于花序来说是比较大的）

价格范围：
500~1000 日元

花语
一心一意的爱

上市时间

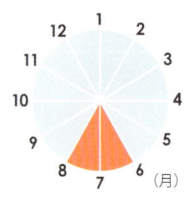

便笺贴

水养时间：5~7 天
切口处理方式：水中剪切、烧灼法、切口基部十字剪切法
注意要点：由于易丧失水分，插花前要让它充分吸水。
搭配花材推荐：
刺芹（P36）
日本吊钟花（P186）

翠菊的品种很多，有让人感到朴素的单瓣品种到有豪华感的大花重瓣品种、半重瓣品种、绒球型品种等等。花色较为齐全，从原色到中间色都有。

以前，翠菊是作为在佛坛和扫墓时供奉的重要花材，而近来适合插花和花束等西式风格的品种也有很多上市流通。许多花呈分枝状生长在细枝先端，为方便使用可将其分别带枝剪下。去除多余的叶子后再插花吧。

除去看上去不会开花的花蕾，花期可保持长久。

便笺贴

水养时间：5~7天
切口处理方式：水中剪切
注意要点：叶子易受到损伤，因此要尽可能地除去不需要的叶子。
搭配花材推荐：
花葱（P27）
香豌豆（P81）

插花实例

将观赏南瓜的上半部切掉，下半部放入花泥。在花泥上短插翠菊，给人以花多繁茂之感。

根据花色、花形、大小的不同，剪切分枝可以方便使用。种类多种多样。

"迷你翠菊"

吸水力很强。

翠菊
China aster

Data

植物分类：
菊科翠菊属
原产地：
中国北部
日本名：
蝦夷菊
花期：5—7月
市场流通规格：
30~80cm
花朵尺寸：小·中
价格范围：
100~300日元

— 花语 —
信念、
美丽的回忆、同感、
变化

— 上市时间 —

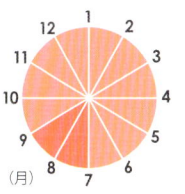

19

大星芹

Masterwort

呈星型张开的花萼是大星芹的特征。花萼里有许多呈半球型开放着的小花。花名从希腊语中表示"星"的"Astra"得来。尽管它自然的形态与任何花材都容易搭配，但因为有独特的香气，注意不要使用过度。它的茎较软，花头容易向下垂，插花前要充分吸收水分后再使用。它也适合制作成干花。

具有干燥质感的花，也适合制作成压花和干花。

星型的花萼包着中心开放着的小花。

因茎柔软，要小心照看。

Data

植物分类：
伞形科
星芹属

原产地：
欧洲、西亚

日本名：——

花期：5—9月

市场流通规格：
30~60cm

花朵尺寸：小

价格范围：
150~300 日元

花语
爱的渴望

上市时间

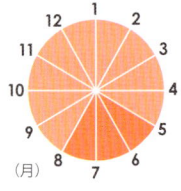
（月）

"Roma"（品种名）

"Major·Rubra"（品种名）

便笺贴

水养时间：5~7 天
切口的处理方式：
水中剪切、浸烫法
注意要点：水分容易丧失，插花前要充分吸收水分。
搭配花材推荐：
柔毛羽衣草（P26）
翠珠花（143）

压花　干花

插花实例

在给人干净感觉的白色容器里，随意地插入大星芹和柔毛羽衣草。

落新妇

Perennial spiraea

泡盛草

有无数的小花聚集在细茎的先端，花一开放，看上去就像是蓬松起泡似的，因此日本名也叫它"泡盛草"。作为切花在市场上流通的品种，一般是由称为日本山野草的"泡盛升麻"与中国的"落新妇"交配而成的品种。

这种花总让人觉得散发着一种日本的气氛。落新妇因给人一种柔软自然的印象，不论是日式插花还是西式插花都适合。最近它的色彩鲜艳的染色花材也开始流通了。

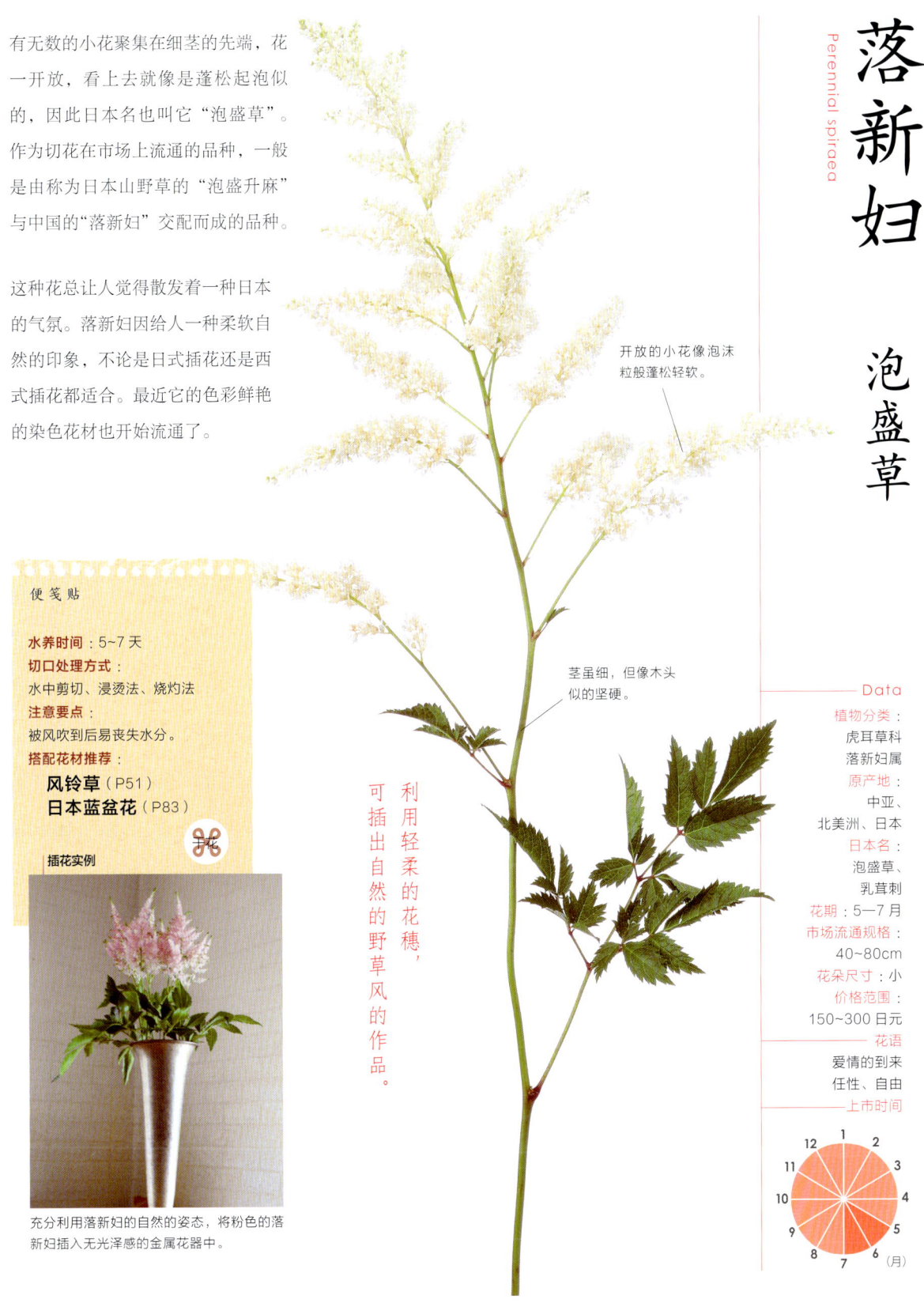

开放的小花像泡沫粒般蓬松轻软。

茎虽细，但像木头似的坚硬。

利用轻柔的花穗，可插出自然的野草风的作品。

便笺贴

水养时间：5~7天
切口处理方式：
水中剪切、浸烫法、烧灼法
注意要点：
被风吹到后易丧失水分。
搭配花材推荐：
风铃草（P51）
日本蓝盆花（P83）

插花实例

充分利用落新妇的自然的姿态，将粉色的落新妇插入无光泽感的金属花器中。

Data

植物分类：
虎耳草科
落新妇属
原产地：
中亚、北美洲、日本
日本名：
泡盛草、乳茸刺
花期：5—7月
市场流通规格：
40~80cm
花朵尺寸：小
价格范围：
150~300日元

花语
爱情的到来
任性、自由

上市时间

尾穗苋
Amaranth, Love-lies-bleeding

纽鸡头

尾穗苋是一种很多花穗密集在一起开放，到了秋天就经常见到的花。花名是从希腊语"不枯萎"之意而得来的。花穗长而且像绳状下垂伸长的品种叫"尾穗苋"，花穗不向下垂的品种叫"千穗谷"。可利用花穗向下垂的品种来进行有个性的插花。

利用向下垂的花姿，可插出时尚漂亮的有个性的作品。

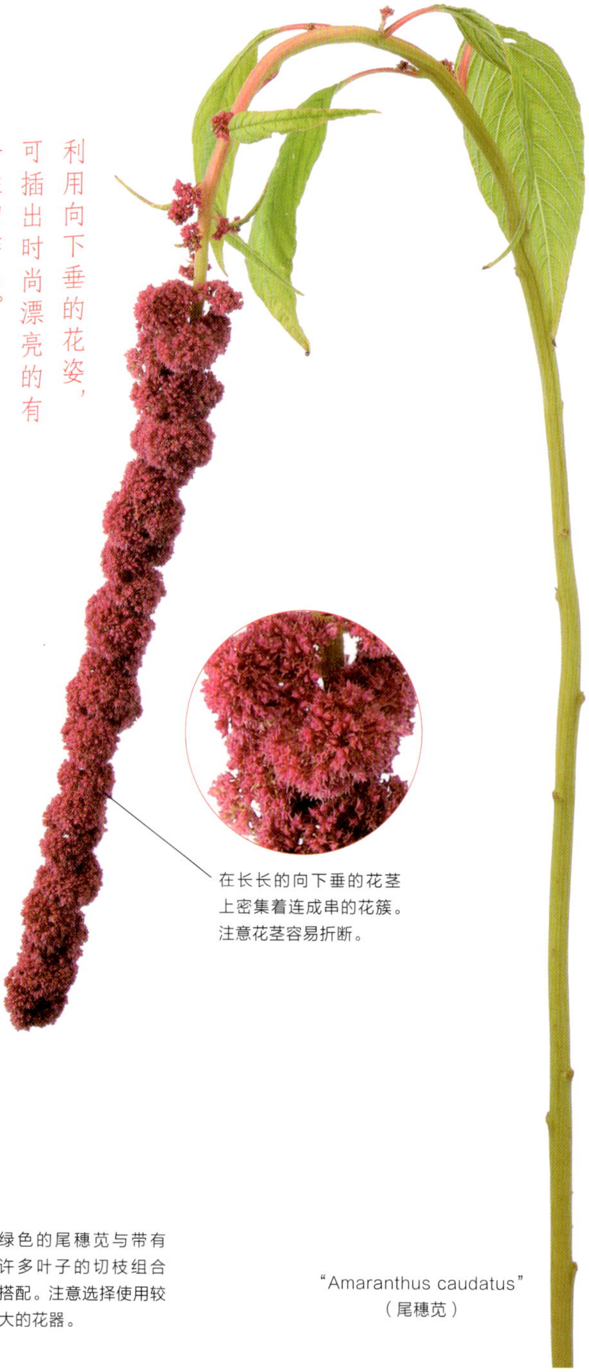

Data

植物分类：
苋科
苋属

原产地：
南美洲热带地区、非洲热带地区

日本名：
纽鸡头、苋

花期：7—11月

市场流通规格：
80cm~1.5m

花朵尺寸：小
（花穗为中·大）

价格范围：
200~400日元

花语
不用担心、顽强的精神

上市时间

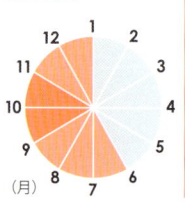

便笺贴

水养时间：5~7月

切口处理方式：
水中剪切、浸烫法

注意要点：
花茎易折断，小心照看。

搭配花材推荐：
红掌(P30)
大丽花(P95)

插花实例

绿色的尾穗苋与带有许多叶子的切枝组合搭配。注意选择使用较大的花器。

在长长的向下垂的花茎上密集着连成串的花簇。注意花茎容易折断。

"Amaranthus caudatus"
（尾穗苋）

冠状银莲花

Lily-of-the-field, Windflower

这是代表春天的花卉的一种。花名取自表示"风"的希腊语"anemos"。看上去像薄薄的花瓣实际是花萼。中心的黑紫色的部分才是花。品种有单瓣、半重瓣、重瓣等，花色也很丰富。在市场上多数是以多色混合捆扎来流通的，因此只是用冠状银莲花插花也可以。挑选那些未开放的冠状银莲花，花期可长久保持。

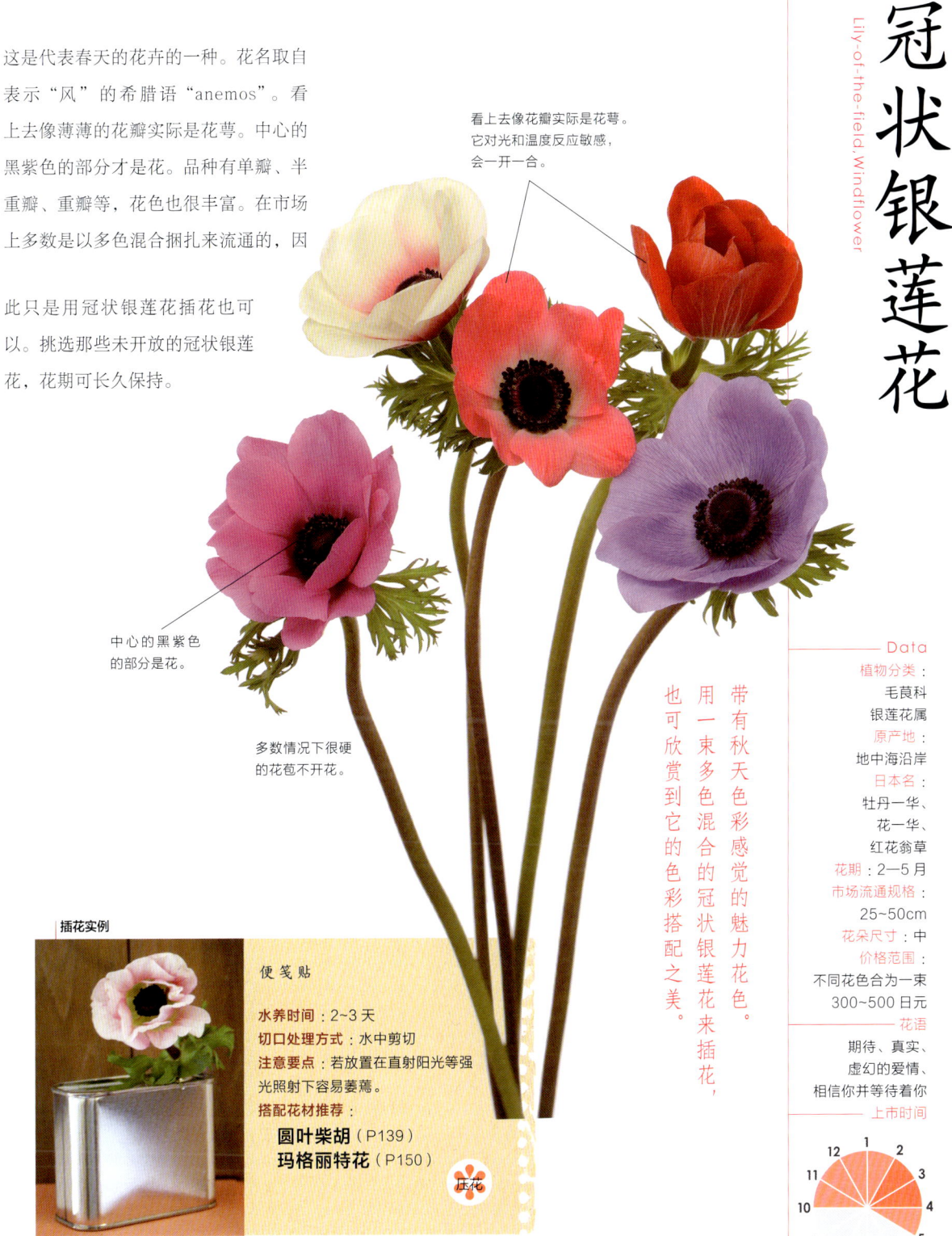

看上去像花瓣实际是花萼。它对光和温度反应敏感，会一开一合。

中心的黑紫色的部分是花。

多数情况下很硬的花苞不开花。

带有秋天色彩感觉的魅力花色。用一束多色混合的冠状银莲花来插花，也可欣赏到它的色彩搭配之美。

Data

植物分类：
毛茛科
银莲花属

原产地：
地中海沿岸

日本名：
牡丹一华、
花一华、
红花翁草

花期：2—5月

市场流通规格：
25~50cm

花朵尺寸：中

价格范围：
不同花色合为一束
300~500日元

花语
期待、真实、
虚幻的爱情、
相信你并等待着你

上市时间
（月）

插花实例

便笺贴

水养时间：2~3天
切口处理方式：水中剪切
注意要点：若放置在直射阳光等强光照射下容易萎蔫。
搭配花材推荐：
圆叶柴胡（P139）
玛格丽特花（P150）

只插一枝花在花器里时，若敢于挑选有个性的花器来使用，可给人留下很深刻的印象。

朱顶红

Amaryllis,Barbados lily,Knight's star lily

在伸长的长花茎的先端，开着几朵像百合似的华丽花朵。除了有存在感的大花品种和重瓣品种外，最近市场上又流通了一种中型的细花瓣的种类。根据品种的不同，还有花香飘逸的品种。注意茎的内部呈空洞状容易折损。被折断茎的花，剪短后用于插花和制作花束，也很漂亮。

花茎的先端开着几朵花。

适合作为插花的主角。茎的内部呈空洞状，使用时要小心。

茎的内部呈空洞状容易折损。

"红狮"（品种名）

便笺贴

水养时间：5~7天
切口处理方式：水中剪切
注意要点：花茎易折，因此用其它花材的茎插入朱顶红的花茎后，可方便插花。另外，切口容易开裂，要用小刀绕着花茎割一圈后再切割使用。
搭配花材推荐：
新西兰麻（P231）
叶兰（P230）

插花实例

将白色朱顶红的花茎剪短插入花器中，再将新西兰麻卷起并插在它的四周。

Data

植物分类：
石蒜科
孤挺花属
原产地：
南美洲
日本名：
咬吧水仙
花期：3—7月
市场流通规格：
40~80cm
花朵尺寸：
中・大
价格范围：
500~1800日元
花语
夸耀、极漂亮、腼腆、极美丽的、述说、强烈的虚荣心
上市时间

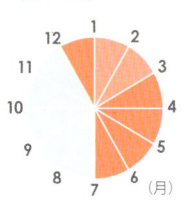

朱顶红品种目录

单瓣大花、像丝绒般的花瓣。品种名"Royal Velvet"。

像雪一样雪白的品种"Christmas Gift"。

插花实例

在大玻璃花器中放入水和观赏用的小苹果,将小苹果固定后插入茎长的朱顶红。

由粉色和白色形成的复色品种。有华丽感。品种名"Charisma"。

柔毛羽衣草

Lady's mantle

在分枝的细花茎上，开着许多小黄花。因为叶色明亮与花一起整体看上去为黄绿色，可衬托显出其它花材的美丽，也起到切叶的作用。推荐作为赠礼用的插花和花束的辅助花材，填补空隙，增强作品空间的饱满度。花不喜欢闷热的环境，会立刻变黑，装饰在通风的场所为好。它的英文名叫"Lady's mantle"，是因为叶形让人想起圣母玛利亚的披风而得来的。

整体为明亮的黄绿色，是使搭配的花材显眼的名配角。

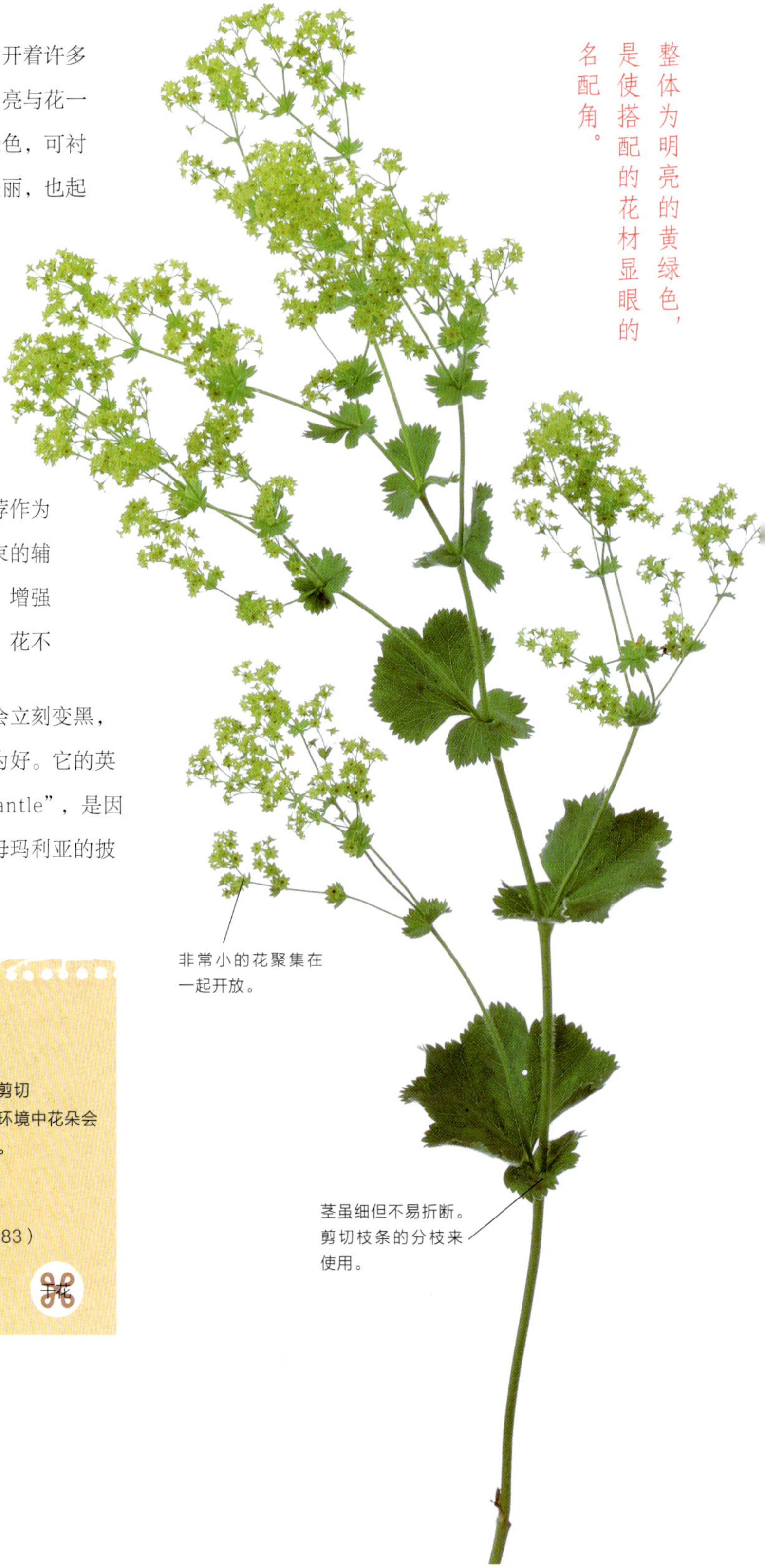

非常小的花聚集在一起开放。

茎虽细但不易折断。剪切枝条的分枝来使用。

Data

植物分类：
蔷薇科羽衣草属

原产地：
欧洲东部、小亚细亚

日本名：
西洋羽衣草

花期： 5—6月

市场流通规格：
30~50cm

花朵尺寸： 小

价格范围：
150~300 日元

花语
灿烂、忘我的爱、初恋

上市时间

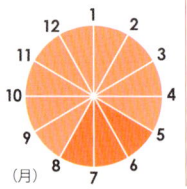
(月)

便笺贴

水养时间： 5~7 天
切口处理方式： 水中剪切
注意要点： 在闷热的环境中花朵会发黑，宜放在通风处
搭配花材推荐
大星芹（P20）
日本蓝盆花（P83）

花葱

Allium

花葱属的花作为大葱的代表，它的特征就是一切开花茎就会让人闻到独特的大葱气味。将花葱赠予他人时需要注意。花葱有很多种类，如像照片所示的"考瓦葱"和细茎弯曲的"圆头大花葱"、大型的像葱和尚似的大花葱等都是有人气的鲜切花。它们的花期长而且茎的吸水力也强，插花时可充分利用花茎的线条。

一切开花茎就好像闻到了大葱的气味。利用花茎的线条可插出有动感的插花作品。

开放的 20~30 朵纯白的小花呈放射状聚集在一起。

在栽培时会有故意将茎弯曲栽培的情况。小心茎易折断。

便笺贴

水养时间：7天~3周（种类不同而异）
切口处理方式：水中剪切
注意要点：花茎易折，小心照看。
搭配花材推荐：
　香豌豆（P81）
　郁金香（P97）

插花实例

如果不小心折断花茎，可以将它剪短后做花艺装饰。与它组合搭配的是绿色的圣诞玫瑰。

"考瓦葱"（品种名）

"圆头大花葱（丹顶）"。花名由花的头部带有不同颜色而得来。使细茎弯曲生长

Data

植物分类：百合科葱属
原产地：地中海沿岸、中亚
日本名：花葱
花期：4—6月　10—11月
市场流通规格：50cm~1m
花朵尺寸：小
价格范围：150~500日元

花语
无限的悲哀、正确的主张、不要气馁的心、夫妻圆满

上市时间

六出花

Lily-of-the-Incas,Peruvian lily

这是一种易吸水和花期长、花色和种类也丰富、几乎全年都在市场上流通的受欢迎的切花。它的特征是花瓣内轮有条纹状的斑点。但最近没有斑点的品种也增多了。尽管六出花有五十多种几乎都是改良的品种，但花小而且花色较为拘谨的原系系的品种也受欢迎。另外，勤剪切基部的花茎、花后摘除残花、勤换水的话，不但花期能保持长久，甚至未开的花苞也会顺利开放。

花开后不易凋谢，因此很有人气。若每天剪切基部的花茎和换水，花苞也会顺利开花。

很多品种的花瓣的内轮有条纹状的斑点。

Data

植物分类： 六出花科 六出花属
原产地： 南美洲
日本名： 百合水仙
花期： 3—6月
市场流通规格： 50cm~1m
花朵尺寸： 小·中
价格范围： 100~1000日元

花语
对未来的憧憬、异国情调、敏捷、持续、援助、幸福的日子、勇敢

上市时间

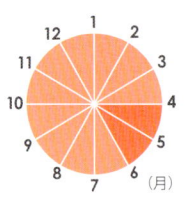
(月)

便笺贴
水养时间： 5~7天
切口处理方式： 水中剪切
注意要点： 摘除易受伤的叶片及花后的残花。
搭配花材推荐：
黄莺（P94）
圆叶柴胡（P139）

插花实例

将花一朵朵剪下插入矮小的玻璃花器中，可以欣赏到与长插不同感觉的花的情态和乐趣。

叶片容易受到伤害，在插花前要进行摘除。

"Orion"（品种名）

六出花品种目录

开着楚楚的小花的品种"Melolina"。这也是接近原种的罕见的品种。

给人以沉静优雅感的品种"粋"。花小而且是接近原种的罕见品种。

也有没有花只有叶子的品种

如照片所示叫"Varigegata"的这个品种,尽管是作为切叶在市场上流通,但也是一种很出名的六出花。它的叶片有白斑,与任何花材都易搭配。

花瓣的内轮没有条纹状的斑点的品种"Carmen"。红与白混合而成的复色花很可爱。

红掌

Flamingo lily, Tail flower

从最初标准的红色品种、郁金香型的小品种、优雅沉静色彩的品种，到柔和色调的品种等，有各种各样的品种在市场上流通。利用有存在感的个性的花形，可插出现代风格的插花作品和花束等。而且，因为花开放后不易凋谢，所以在夏季切花较少的时期里是一个重要的花材。另外，心形的叶片与花分开在市场上流通。

在中央的是棒状的花序。

心形的部分是花苞。

满分的热带气氛！利用具有个性的花形，插出清爽的现代风格的作品。

要挑选看到脸朝正面和茎的线条的。

Data

植物分类：
天南星科
花烛属

原产地：
南美洲热带地区

日本名：
大红团扇、
牛之舌

花期：6—7月

市场流通规格：
30cm~1m

花朵尺寸：
中・大
（包含花苞）

价格范围：
100~400日元

花语：
热情、烦恼、
强烈的印象、
不经修饰的美、
旅行

上市时间

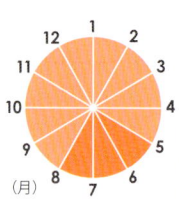

便笺贴

水养时间：2周左右
切口处理方式：水中剪切、浸烫法
注意要点：保持室温在12℃以上。
搭配花材推荐：
莫氏兰（P159）
小天使蔓绿绒（P220）

花与叶分开在市场上流通。

红掌的心型叶也很可爱。作为切叶，与花分开在市场上流通。

"Pisutachi"（品种名）

"Ozaki"（品种名）

"郁金香"（品种名）

小米

Bengal grass, Foxtail millet

乍一看，禾本科的植物就像大大的狗尾草似的，充满风情。刚毛密生在长10~15cm、宽4~5cm的花穗上，花穗成熟后就会由黄色变成淡淡的茶色。尽管自古以来其种子就被作为粮食作物，但它的名字的由来据说是因为在五谷杂粮中，其味道"淡"而得来的。若与大花花材一起搭配，可欣赏到带有野趣感的插花作品。

花穗从青色变成黄色和茶褐色等不同颜色。

茎和叶容易变黄，插花时也可以利用仅仅从根部一起剪下的花穗。

多数是在叶片被剪短的状态下在市场上流通的。

上演着季节感的花穗。与大花花材一起搭配，可插出带有野趣感的作品。

便笺贴

水养时间：7~10天
切口处理方式：水中剪切
注意要点：茎和叶容易变黄，插花时只使用花穗可保持长久。
搭配花材推荐：
向日葵（P132）
红鸟蕉（P147）

插花实例

将变色前的小米与马蹄莲和蝴蝶石斛一起搭配，可插成同色系的作品。

Data

植物分类：禾本科 狗尾草属
原产地：东亚
日本名：粟
花期：8—9月
市场流通规格：1~1.5m
花朵尺寸：小（花穗大）
价格范围：100~300日元

花语
纠缠不休的爱

上市时间

拟堇花兰
Ionocidium

这是最近有人气的兰花之一。是拟堇花兰（Ionopsis）与文心兰（Oncidium）（P40）的杂交品种。照片上的品种名叫"Popcorn 'Haruri'"。茎上开有许多中型可爱的花儿，开花后花色从淡黄色到淡粉色，最后变成深粉色。就是说，随着时间的流逝，可欣赏到花色的变化。尽管这种兰花全年都流通上市，但是到了夏季，花的显色不好，花色会变淡。插花时插入此花，可以让人感受到优雅的气氛。

花色从黄色到粉色而发生变化。

不易凋谢的、小小的可爱花儿，对花束等很有人气。

"Popcorn·Haruri"（品种名）

Data

植物分类：
兰科
拟堇花兰属

原产地：
中美洲、南美洲

日本名：——

花期： 4—5月、10—11月

市场流通规格： 30~50cm

花朵尺寸： 中

价格范围： 300~400日元

花语
姿容端庄美丽

上市时间

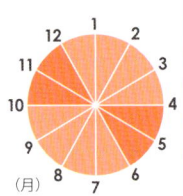
(月)

便笺贴

水养时间： 2周左右
切口处理方式： 水中剪切
注意要点： 没有特别要注意的地方。
搭配花材推荐：
郁金香（P97）
洋桔梗（P107）

瘤毛獐牙菜

Swertia

小小的星型花给人留下清秀的印象，将分枝剪下使用，可增强插花作品的空间感。

直径为2~3cm的薄紫色小花在分枝的茎的先端依次开放。尽管"Eveningstar"的名字来自于像星星似的花形，但实际上它是药用植物獐牙菜的同类。将整株獐牙菜晒干磨成粉末当茶来喝，古时就知道其有健胃的功效。但是，作为切花在市场流通的"瘤毛獐芽菜"就没有这种药效了。

将枝条分别剪下后，可作为切叶来使用。让人感到秋天的优雅气氛的瘤毛獐牙菜，也适合插在花篮等花器里。它与任何花材都很容易搭配，需要插出空间饱满感时也可助一臂之力。

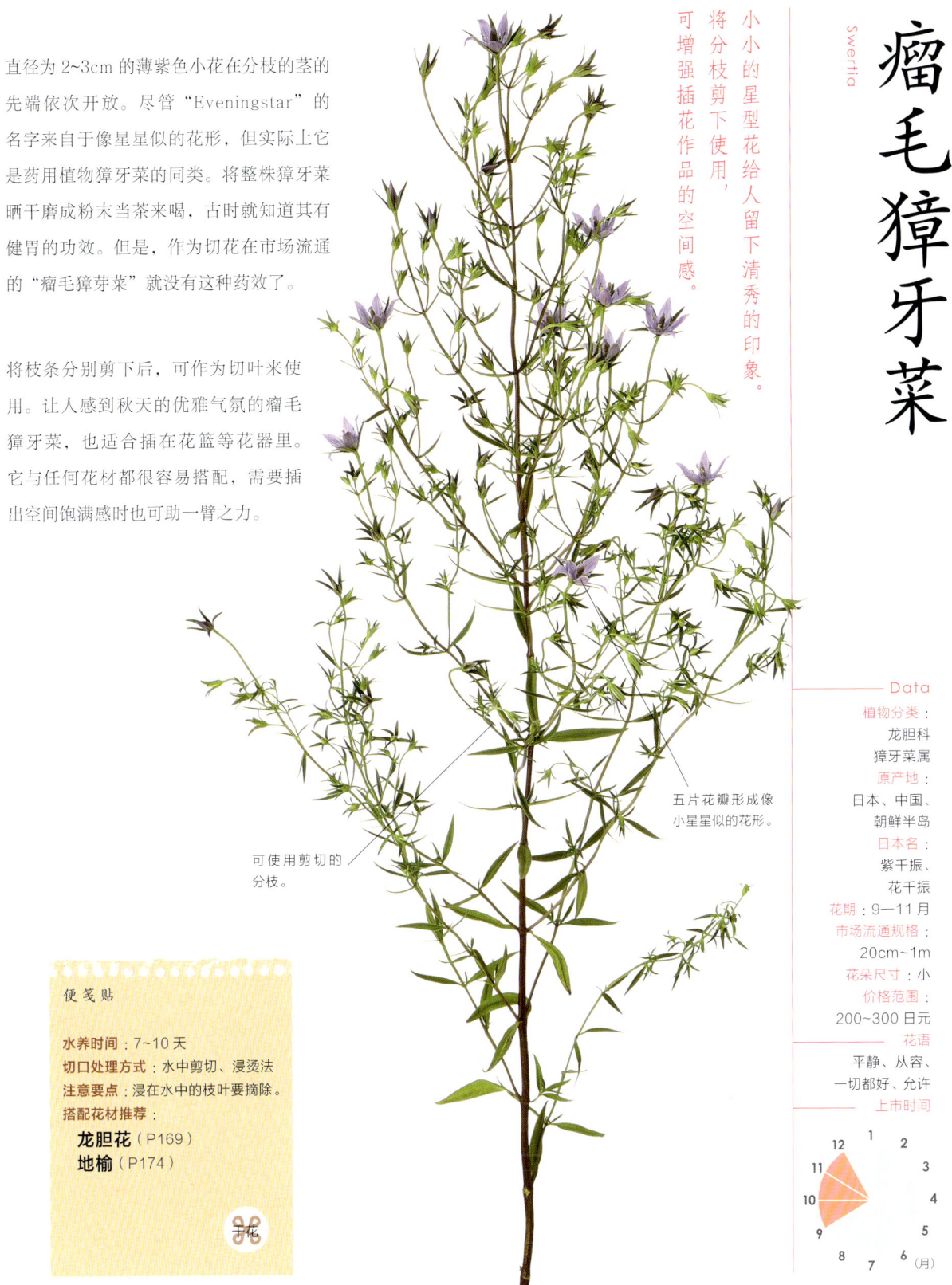

可使用剪切的分枝。

五片花瓣形成像小星星似的花形。

便笺贴

水养时间：7~10天
切口处理方式：水中剪切、浸烫法
注意要点：浸在水中的枝叶要摘除。
搭配花材推荐：
　龙胆花（P169）
　地榆（P174）

Data

植物分类：
龙胆科
獐牙菜属
原产地：
日本、中国、朝鲜半岛
日本名：
紫千振、花千振
花期：9—11月
市场流通规格：
20cm~1m
花朵尺寸：小
价格范围：
200~300日元

花语
平静、从容、一切都好、允许

上市时间

柳叶鬼针草

Winter cosmos, Bidens, Bur-marigold

因为像波斯菊似的花儿在冬天也会开放，所以它的名字叫“Winter Cosmos”。但它的植物分类是菊科鬼针草属，并不是波斯菊的种类。在晚秋花少的季节里是一种重要的花材。因其是有分枝的类型，适合于自然风的插花作品使用。另外，它具有容易吸水，花期保持长久的优点。

像波斯菊似的黄花，冬天也会开放。

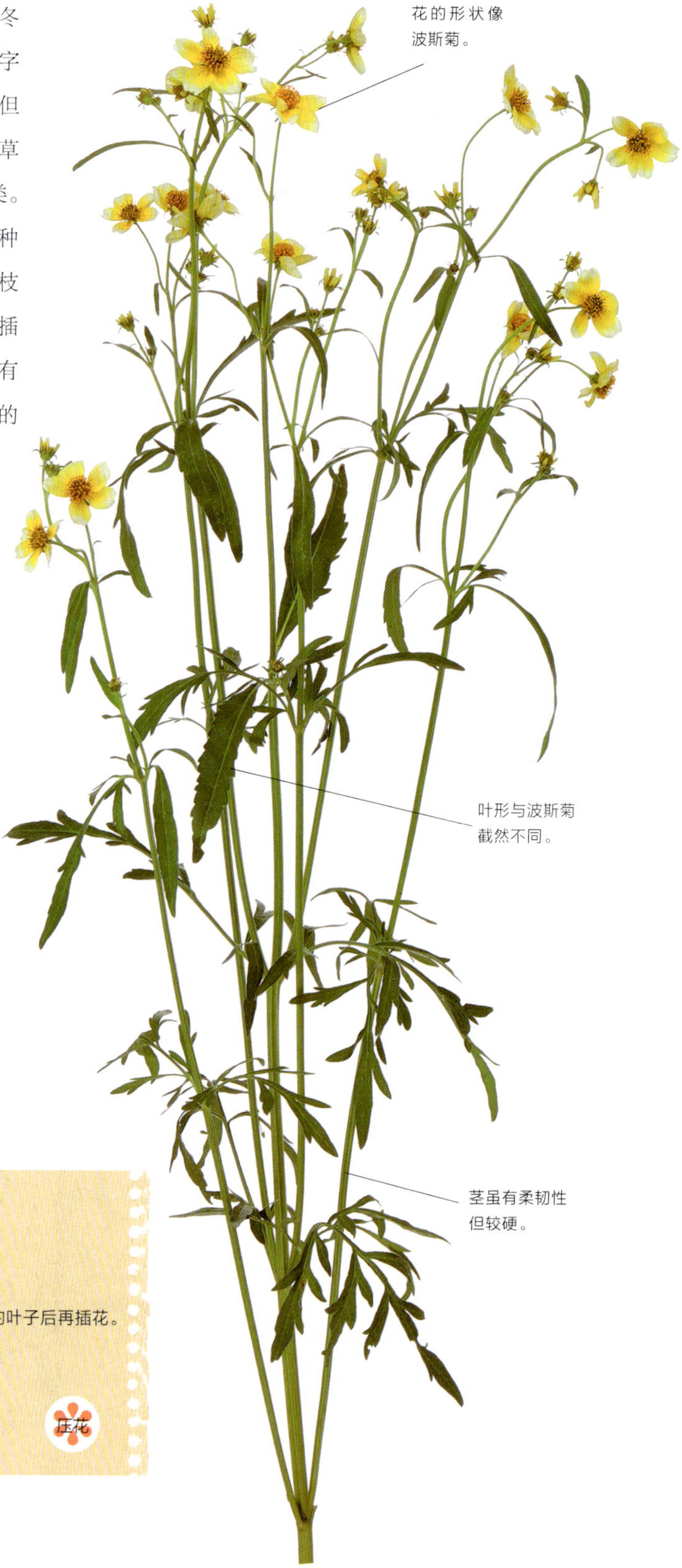

花的形状像波斯菊。
叶形与波斯菊截然不同。
茎虽有柔韧性但较硬。

Data

植物分类：
菊科鬼针草属
原产地：
北美洲
日本名：——
花期：8—12 月
市场流通规格：
50cm~1m
花朵尺寸：中
价格范围：
150~300 日元
花语
和谐、忍耐、真心
上市时间

1 2 3 4 5 6 7 8 9 10 11 12
（月）

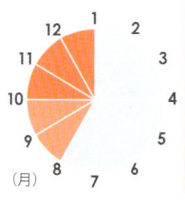

便笺贴

水养时间：7~10 天
切口处理方式：水中剪切
注意要点：摘除掉浸在水中的叶子后再插花。
搭配花材推荐：
白孔雀草（P59）
穗花婆婆纳（P106）

压花

屈曲花

Candytuft

呈圆球状密集丛生的小花，就像甜甜的糖果似的。

屈曲花有很多甜美优雅的花色品种。它细细的弯曲的花茎顶端密集着呈圆球状开放的小花，像糖果块似的，因此它的别名又叫"Candy tuft"。根据花的不同朝向，表情也会发生改变，而在插花时用茎的线条插出动感也让人觉得很有魅力。在市场流通的是带有分枝的类型。将分枝剪切下来使用，可使插花和花束变得充实丰满。若让花材充分吸水，花蕾也会开放。

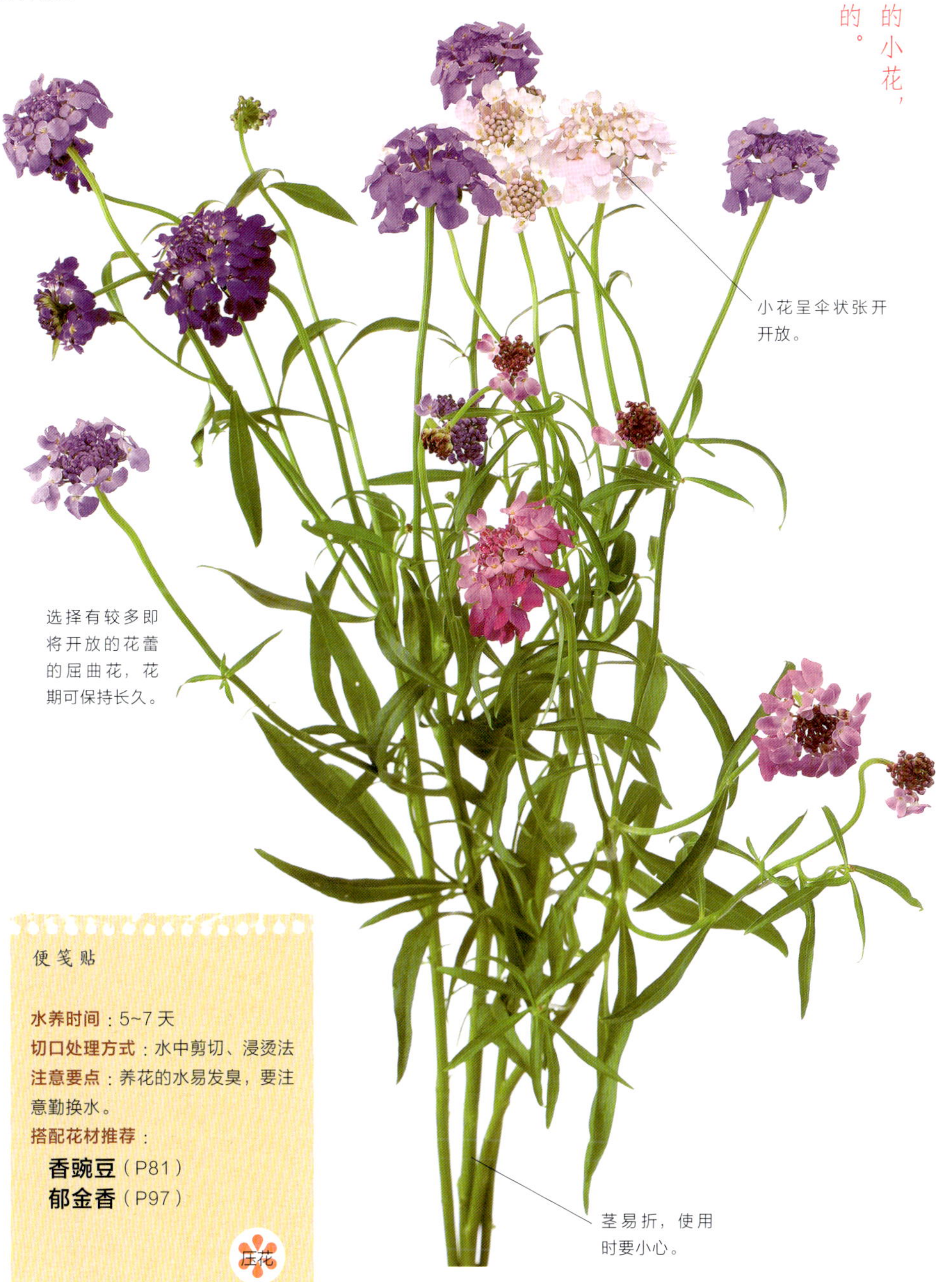

小花呈伞状张开开放。

选择有较多即将开放的花蕾的屈曲花，花期可保持长久。

茎易折，使用时要小心。

便笺贴

水养时间：5~7天
切口处理方式：水中剪切、浸烫法
注意要点：养花的水易发臭，要注意勤换水。
搭配花材推荐：
香豌豆（P81）
郁金香（P97）

Data

植物分类：
十字花科
屈曲花属
原产地：
地中海沿岸、亚洲西南部
日本名：
常盤荠、屈曲花
花期：4—5月
市场流通规格：
40~80cm
花朵尺寸：小
价格范围：
200~400日元

花语
吸引了我的心、温柔、初恋的回忆、甜蜜的诱惑

上市时间

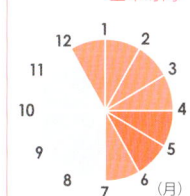

刺芹

Eryngo

独特的干燥质感的花给人以时髦的印象，是近年来备受欢迎的花材。银蓝色的花也充满个性。刺芹也有茎为蓝色的品种。包着花的锯齿状苞片和带刺的叶子呈现一种野性的美。若作为插花的主花材，刺芹会稍显孤单，但将其作为一个视觉焦点来使用的话就会好些。只用刺芹来装饰也很漂亮。另外，它也可做成干花。

Data

植物分类：伞形科 刺芹属
原产地：欧洲、小亚细亚、南非·北非
日本名：瑠璃松笠、松笠蓟
花期：6—8月
市场流通规格：60cm~1m
花朵尺寸：中
价格范围：200~500日元

花语

追求光明、隐藏的爱、私密恋情、无言的爱

上市时间

（月）12 1 2 3 4 5 6 7 8 9 10 11

花被带刺的苞片包着。

锯齿状的叶片也带有刺。

也有茎为蓝色的品种。

野草似的气氛和独特的质感，可插出有个性的作品。

便笺贴

水养时间：7~10天
切口处理方式：水中剪切
注意要点：叶子容易枯萎，要尽可能摘除。
搭配花材推荐：
翠雀（P103）
龙胆花（P169）

干花

插花实例

百合和龙胆花、虎眼万年青等一起搭配组合，可插出蓝色与白色组合而成的有凉爽感的作品。

树兰

Buttonhole orchid

树兰这个属名，来自希腊语"树的上面"，也就是兰花着生在树上的意思。树兰有很多种类，尽管花色、花姿和花朵尺寸也各种各样，但一般来说，都是像照片那样的从直立茎的顶端伸出的花梗上，聚集开放着像蝴蝶似的小花的类型。还有无叶的和有叶的品种也在市场上流通。它的叶子长在茎的下方，将花与叶切离，可方便插花时使用。

花从外侧依次逐渐开放。

华丽纯净的花色极具魅力。对于带叶的品种，可将花与叶切离后使用。

叶为肉质，既厚又结实。

剪切叶与茎的接口的几个地方，可方便在插花时使用。

便笺贴

水养时间：2周左右
切口处理方式：水中剪切
注意要点：花后立即摘除残花。
搭配花材推荐：
蝴蝶石斛（P105）
百合（P160）

插花实例

将剪短的黄色树兰与带花斑的切叶一起插入白色简约的花器中的作品。

Data

植物分类：
兰科
树兰属
原产地：
中美洲、
南美洲
日本名：——
花期：12—4月
市场流通规格：
20~80cm
花朵尺寸：中
价格范围：
300~500日元
花语
纯洁的幸福、
对高傲的向往、
可怜的美、
说悄悄话、判断力

上市时间
（月）

女郎花

Patrinia

女郎花作为观赏用的秋七草之一，出现在日本的古代诗歌集《万叶集》中，自古以来人们就很熟悉它。而花名的由来，一种说法是由日语"女饭"一词变化而来的，另一种说法是小米饭作为女性的食物，它的颜色像女郎花的花色而得来的。实际上开在茎的先端的黄色小花看上去就像小米粒似的。

尽管是给人以强烈的印象的日式插花的花材，但是现在也在西式插花中使用。女郎花有独特的气味，注意不要使用过度。

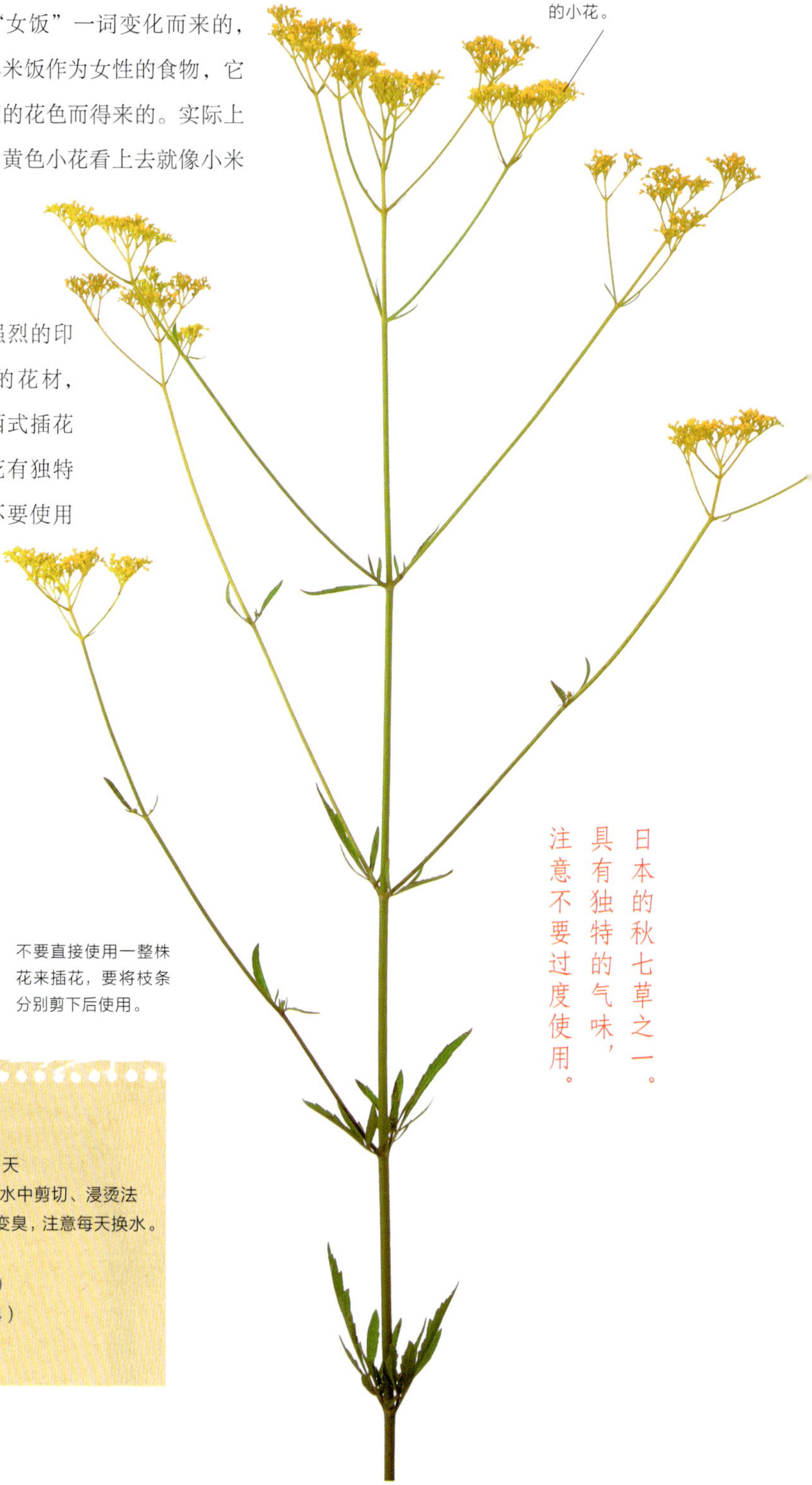

像小米粒似的黄色的小花。

不要直接使用一整株花来插花，要将枝条分别剪下使用。

日本的秋七草之一。具有独特的气味，注意不要过度使用。

Data

植物分类：
败酱科
败酱属

原产地：
日本、东亚

日本名：
女郎花

花期：8—10月

市场流通规格：
60cm~1m

花朵尺寸：小

价格范围：
150~300日元

花语
亲切、美人、
渺茫的爱、
永久、忍耐、约束

上市时间

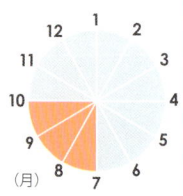
（月）

便笺贴

水养时间：5~7天
切口处理方式：水中剪切、浸烫法
注意要点：水易变臭，注意每天换水。
搭配花材推荐：
桔梗（P50）
红花（P144）

虎眼万年青

Chincherinchee, Wonder flower

虎眼万年青为球根花卉，约有一百个品种。照片的品种名叫"阿拉伯虎眼万年青"。日本名叫"黑星大甘菜"，是因为它有显眼的黑褐色雌蕊。另外，长成穗状、开白花的名叫"伯利恒之星"的品种也很受欢迎。由于花朵不易凋谢，因此白色品种也经常用于新娘捧花和会场装饰。茎长的品种也在大型插花上使用。

- 显眼的黑褐色雌蕊。
- 硬的花苞需要一定的时间才会开花。
- 纯白的品种正好适合结婚用花。花朵不易凋谢，很有人气。
- 茎较柔软，夏天容器里的水不宜过多。

"Ornithogalum arabicum"
（阿拉伯虎眼万年青）

便笺贴

水养时间：10天~2周
切口处理方式：水中剪切
注意要点：若花后去除残花，会继续开花。
搭配花材推荐：
马蹄莲（p49）
新西兰麻（p231）

插花实例

插在银色花器里的白花是呈穗状开放的"伯利恒之星"。

Data

植物分类：
百合科
虎眼万年青属
原产地：
地中海沿岸、南非、西亚
日本名：
大甘菜
花期：4—5月
流通尺寸：
20~90cm
花朵尺寸：小·中
价格范围：
150~300日元

花语
纯洁、才能、洁白、纯粹

上市时间

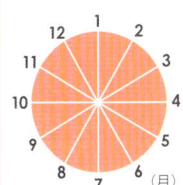

文心兰

Dancing-lady orchid

日本以前都是从新加坡和马来西亚大量进口文心兰，但最近日本国产的文心兰也在其市场上大量流通了。如照片所示，一般在市场上流通的是花色为黄色的、在花瓣的中心带有红色和褐色斑点的品种，另外花色为红色、粉色、橙色、白色的以及有香味的品种

像女孩正在跳舞似的花形。

像跳舞的女孩似的可爱的小花很招人喜爱。注意不要让花儿干燥。

将小瓶子挂在墙壁的挂钩上，将插在小瓶里的文心兰的枝条伸出，一起搭在挂钩上。

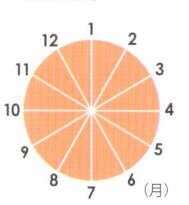

茎既细又柔韧。

也出现在流通市场上。另外，文心兰不喜干燥的环境，当放置在湿度较低的场所时，要1天1次用喷雾器给文心兰补充水分。

Data

植物分类：
兰科
文心兰属

原产地：
中美洲、
南美洲

日本名：
群雀兰、
雀兰

花期：9—10月

市场流通规格：
80cm~1m

花朵尺寸：中

价格范围：
300~500 日元

花语
清秀、
一起跳舞、
美丽的眼睛、可爱
调皮玩耍的心

上市时间

插花实例

便笺贴

水养时间：7~10天
切口处理方式：水中剪切
注意要点：不喜干燥的环境，放置在湿度较低的场所时，要1天1次用喷雾器给文心兰喷水。
搭配花材推荐：
鹤望兰（P89）
红鸟蕉（P147）

压花

康乃馨 Carnation

康乃馨作为母亲节的象征，被全世界人民所喜爱。带褶边的花瓣及花瓣先端的裂痕，给人一种华丽的感觉。

康乃馨的品种达到数千种，除了红色、粉色等明亮的花色外，还有紫色和蓝色等的优雅的花色品种在最近也受到欢迎。康乃馨的优点是具有香味的品种较多。另外，康乃馨可大致区分为大花型一枝一花的标准品种和小花型一枝多花的品种。

『母亲节的象征』
丰富的色彩变化使插花的幅度扩大。

选择青色的花萼为好。

两片细叶夹着茎相对附生。

带有褶边的花瓣既结实又容易照看。

"Galileo"（品种名）

下一页继续品种目录

便笺贴

水养时间：1~2 周
切口处理方式：水中剪切
注意要点：摘掉不会开花的绿色的硬花苞。
搭配花材推荐：
月季（P120）
大阿米芹（P170）

百花香

插花实例

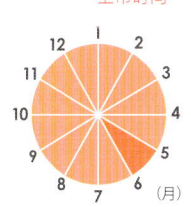

将康乃馨和月季、小白菊等一起搭配组合而成的优雅的球形捧花。

Data

植物分类：
石竹科
石竹属
原产地：
欧洲、西亚
日本名：
阿兰陀石竹、
阿兰陀抚子、
麝香抚子
花期：4—6 月
市场流通规格：
40cm~1.5m
花朵尺寸：小・中
价格范围：
100~300 日元
花语
纯洁的爱、感动
热爱着你、
相信爱、集团的美

上市时间

康乃馨品种目录

有人气的 Nobio 系列,品种名"Nobioviolet"。它让人想到玫瑰花的豪华的花色。

品种名"Nobiored"。深红色和花瓣边缘为粉色的搭配,给人以成熟感。

很受欢迎的新品种"Nobiobagandi"。有深度的酒红色的花色很美。

插花实例

Nobio 系列的康乃馨与其他花色的康乃馨一起搭配做成的可爱的花束。

说是红色但比红色还要深的深红色的康乃馨,品种名为"Nebo"。

可爱的粉色的康乃馨。品种名"Pink montezuma"。

白色的花瓣边缘稍带些粉色，像纯情的少女。品种名"Zeba"。

淡粉色的康乃馨"Maro"，与其他粉色的切花一起搭配，利用微妙的色差变化来制作花束。

优雅的奶白色的康乃馨，品种名"Backs"。与深色或浅色花材都很搭配。

米色成分居多的有微妙色差变化的康乃馨与任何花色都容易搭配。品种名"Creola"。

对纯白色的康乃馨"西伯利亚"来说，仅用白色与切叶搭配制作花束也很合适。

康乃馨品种目录

白色的花瓣边缘为深粉色的康乃馨,带有女性气氛。品种名"Komachi"。

杏色的康乃馨也有人气。品种名"Donubu"。一种彩色的康乃馨。

小花型一枝多花的康乃馨。品种名"Flap"。

插花实例

各种花色的康乃馨一起搭配,用卷成圆筒状的朱蕉叶插在四周。

非洲菊

African daisy, Transvaal daisy

鲜明的花色与花型上演着明亮快乐的气氛。

鲜艳的花色、轮廓鲜明的花型，使非洲菊容易让人感到亲近。以前单瓣品种是主流品种，最近也有花瓣先端似尖蜘蛛的品种、重瓣品种、似冠状银莲花的品种等等。花色丰富，适合插花的多样品种也上市流通了。

虽然非洲菊极易吸水，但茎的胎毛易使水变得浑浊，因此需要勤换水。

挑选花瓣是水平朝上的非洲菊。

花心部分也是小花的集合。从外侧开始按顺序开放。

花萼与花茎一样，表面密被白色胎毛。

花茎易变色，宜插在少量的水中。

"Selina"（品种名）

便笺贴

水养时间：4~10天
切口处理方式：水中剪切、浸烫法
注意要点：花头易从颈部下垂是个难点。可往花茎里插入铁丝以加强花茎的力量，方便插入花泥。
搭配花材推荐：
大阿米芹（P170）
红果金丝桃（P213）

插花实例

将三种不同花色的非洲菊插入环型的花器中。空隙部分插入鸟巢蕨。

Data

植物分类：菊科大丁草属
原产地：南非
日本名：花车、大千本枪、非洲千本枪
花期：3—5月、9—11月
市场流通规格：15~45cm
花朵尺寸：中
价格范围：100~300日元
花语：崇高的美、神秘、希望、充满光芒

上市时间

(月)

下一页继续品种目录

非洲菊品种目录

如品种名"Whitestar",纯净的白色非洲菊给人印象深刻。

淡粉色的非洲菊,易搭配各种花材。品种名"Tiara"。

可爱的粉色非洲菊,品种名"Sonet"。特征是花心为黑色。

插花实例

与非洲菊一样花瓣较多的洋桔梗、玫瑰一起搭配组合的插花。

像让人想起海藻似的绿色的个性的花,品种名"Pocoloco"。

尖细的花瓣和鲜明的橙色让人想起太阳。品种名"Tomahawk"。

满天星的茎细且分叉多，使极小的白花开放在细枝上。如英文名"Baby's breath（婴儿的呼吸）"那样，为了对插花整体增添甜蜜感时，插入许多小花是最合适的。

虽然满天星与任何花材搭配都不错，若过度使用，作品会有很难统一的情况发生。插花时要边看枝条的朝向和花朵的疏密状况，边将分枝剪下作为配角使用。另外也有讨厌满天星的独特气味的人，因此注意满天星不要使用过度。

满天星
Baby's breath

在细枝上开放的数不清的小花，可使插花增添甜蜜的气氛。

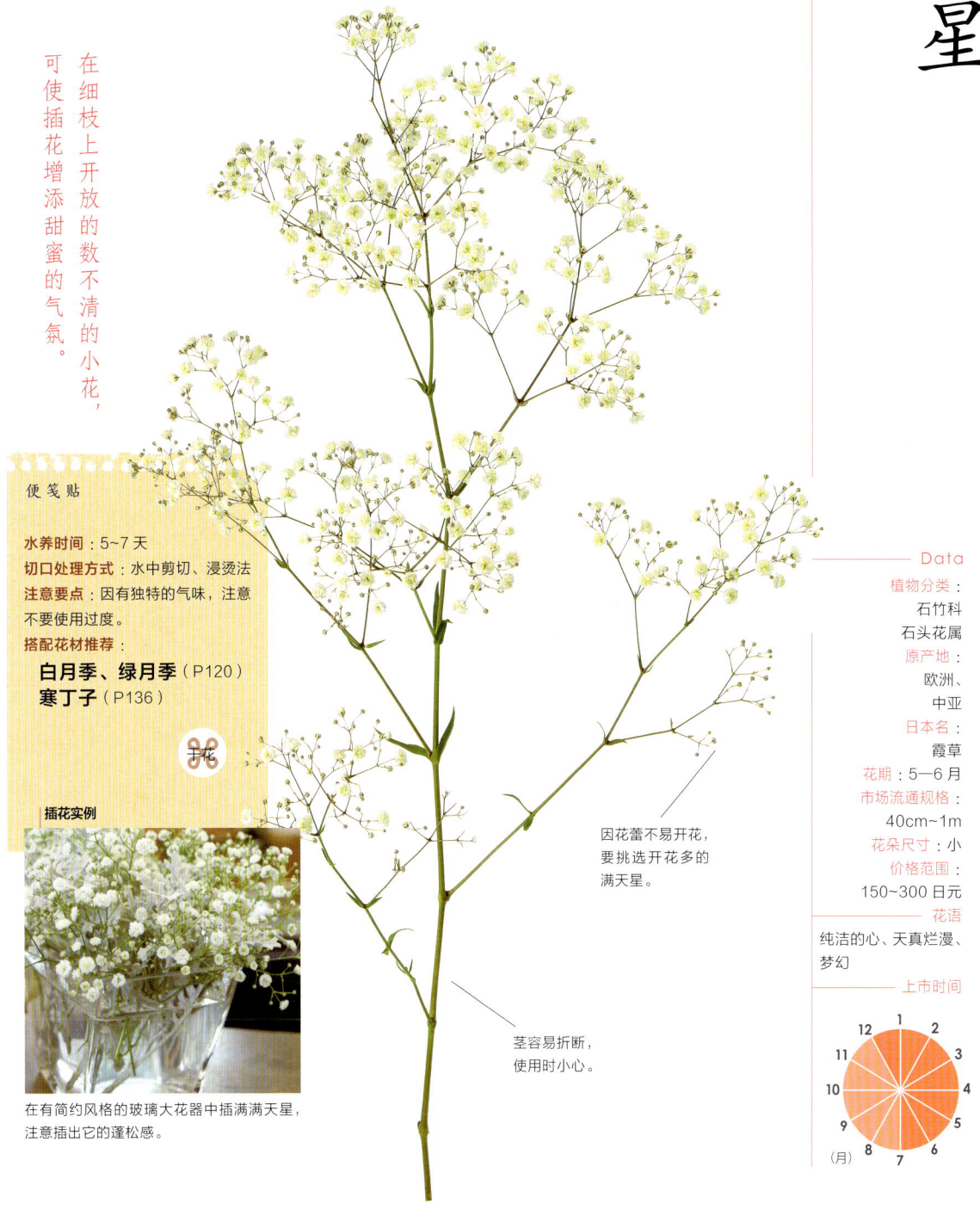

便笺贴

水养时间：5~7天
切口处理方式：水中剪切、浸烫法
注意要点：因有独特的气味，注意不要使用过度。
搭配花材推荐：
白月季、绿月季（P120）
寒丁子（P136）

插花实例

在有简约风格的玻璃大花器中插满满天星，注意插出它的蓬松感。

因花蕾不易开花，要挑选开花多的满天星。

茎容易折断，使用时小心。

Data

植物分类：
石竹科
石头花属
原产地：
欧洲、
中亚
日本名：
霞草
花期：5—6月
市场流通规格：
40cm~1m
花朵尺寸：小
价格范围：
150~300日元

花语
纯洁的心、天真烂漫、梦幻

上市时间

袋鼠爪花

Kangaroo-paw

开在伸长的花茎先端的花，其特征是密被如天鹅绒般质感的绒毛。先端被分成六部分的样子酷似袋鼠的前爪，花名便由此得来。另外，它也叫"袋鼠花"。

原本袋鼠爪花仅是澳大利亚西南部的野生花卉，最近日本国产的袋鼠爪花也在市场上流通了。另外，它的交配品种也很多，很多花色品种也开始上市了。

独一无二的形状和毛茸茸的质感，在插花时使作品更有个性。

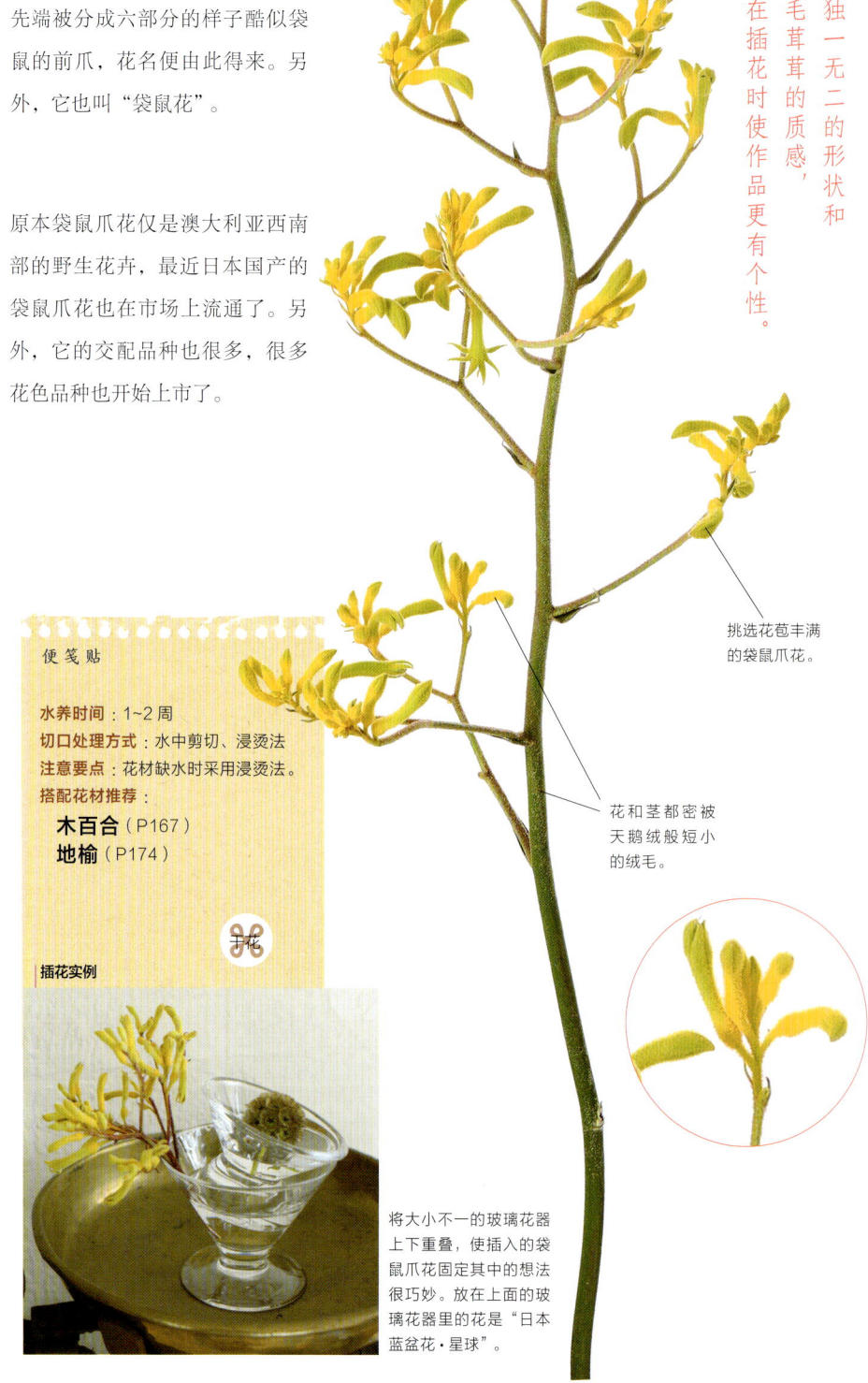

挑选花苞丰满的袋鼠爪花。

花和茎都密被天鹅绒般短小的绒毛。

便笺贴

水养时间：1~2周
切口处理方式：水中剪切、浸烫法
注意要点：花材缺水时采用浸烫法。
搭配花材推荐：
木百合（P167）
地榆（P174）

干花

插花实例

将大小不一的玻璃花器上下重叠，使插入的袋鼠爪花固定其中的想法很巧妙。放在上面的玻璃花器里的花是"日本蓝盆花·星球"。

Data

植物分类：
血皮草科
袋鼠花属
原产地：
澳大利亚
日本名：——
花期：4—6月
市场流通规格：
50~80cm
花朵尺寸：小
价格范围：
200~400日元

花语
不可思议的、惊讶的、分别

上市时间

马蹄莲

Calla, Calla lily

除了使人倍感亲切的白色品种，还有粉色和橙色等明亮花色的品种以及从花朵到茎都是黑色的，充满异国情调的品种。那带有温文尔雅气质的花姿，作为结婚用花也很有人气。看上去像花瓣似的佛焰苞容易受损，使用时要小心。若对从花朵到茎所形成的流线型的线条加以利用，会更能凸显马蹄莲的苗条及高雅的印象。

苞片卷一圈而成的花朵绽放出高雅的魅力。

中心的棒状部分是花。

看上去像花瓣似的是苞片。

用手指将花茎捋一下，就可简单地将花茎弯曲。

挑选茎的先端无皱纹和变色的马蹄莲。

便笺贴

水养时间：7~10 天
切口处理方式：水中剪切
注意要点：每次换水时将茎基剪切一部分，可使花期保持长久。
搭配花材推荐：
绣球（P16）
白鸢尾（P220）

插花实例

将杏色的马蹄莲集中插在简约的花器的一侧，注意利用马蹄莲花茎的线条。

"Green goddess"（品种名）

"Schwarzwalder"（品种名）

"Gold"（品种名）

Data

植物分类：
天南星科
马蹄莲属
原产地：
南非
日本名：
海芋
花期：4—7 月
市场流通规格：
30cm~1m
花朵尺寸：中·大
价格范围：
200~600 日元

花语
凛然而美丽、
少女的娴雅

上市时间

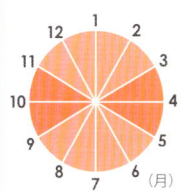

49

桔梗 Balloon flower

桔梗作为观赏用的秋七草之一，清秀的星型花儿的确具备了日式插花花材的气氛。

历史上，《古今和歌集》和《源氏物语》等都提到过它，而且很早以前桔梗花的图案就作为家徽来使用了。

仅使用桔梗来插花或是在篮筐里插上少量的桔梗来装饰，就会让人感到一种虚幻的日本氛围。另外，若想集中插一些盛开的花儿让其引人注目，桔梗也能在华丽的西式插花中发挥作用。

便笺贴

水养时间：3~5 天
切口处理方式：浸烫法
注意要点：因吸水力较弱，可使用切花延命剂。
搭配花材推荐：
女郎花（P38）
芒草（P82）

压花

花苞像气球一样鼓鼓的。
从茎和叶的切口处流出的白色汁液要认真清洗。

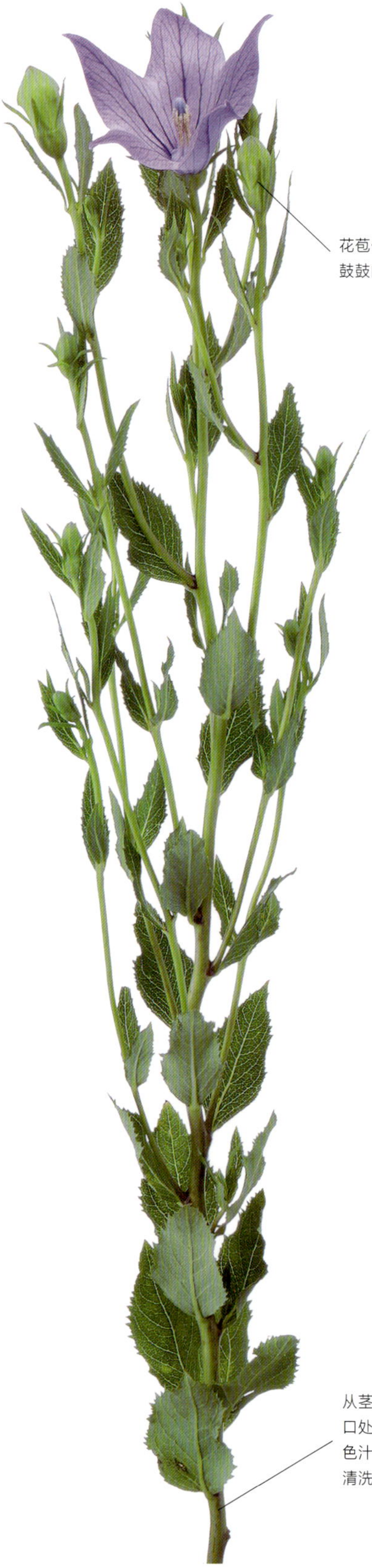

星型的花朵充满了日式风情。
也可在西式插花中使用。

Data
植物分类：
桔梗科
桔梗属
原产地：
日本、中国、朝鲜半岛
日本名：
桔梗
花期：6—8 月
市场流通规格：
40cm~1m 左右
花朵尺寸：中
价格范围：
150~300 日元
花语
永恒不变的爱、诚实
上市时间

1
2
3
4
5
6
7
8
9
10
11
12
（月）

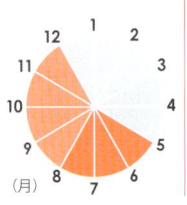

风铃草

Bellflower, Canterbury-bells

风铃草在拉丁语中是"小小的吊钟"的意思。正如其名，它开着吊钟型的花。

虽然风铃草有很多品种，但作为切花在市场上流通较多的是让可爱的花儿呈铃铛状开放的类型。在插花时比起整株的插入，不如采用剪切成几截或是仅将花朵剪下来使用，显出风铃草的可爱。另外，若将紧靠花朵的叶子摘除，更能凸显花朵的轮廓美。

胀鼓鼓的、可爱的吊钟型花儿，给人一种清秀的印象。

挑选连花瓣的边缘都是水灵的风铃草。

叶子易腐烂，要将浸在水中的叶子除去。

便笺贴

水养时间：3~5天
切口处理方式：水中剪切
注意要点：茎易折断，要小心使用。吸水速度很快，要勤补足水。
搭配花材推荐：
　落新妇（P21）
　翠珠花（P143）

插花实例

将剪下的一朵朵紫色的花整齐地插在浅浅的四边形的花器里，并插一朵起到突出作用的白花。

Data

植物分类：
桔梗科
风铃草属

原产地：
欧洲、日本、亚洲

日本名：
钓钟草、风铃草、乙女桔梗

花期：5—7月

市场流通规格：
60cm~1m 左右

花朵尺寸：小·中

价格范围：
200~300 日元

花语
感谢、诚实

上市时间

菊花
Mum

说起菊花,给人深刻印象的是,它是一种在佛坛和祭拜先祖时使用的花材。最近,以在欧洲等地被品种改良的西洋菊花为中心,各种各样的花型出现在流通市场上,这些菊花在插花和制作花束时也经常使用。虽然在喜事的场合也可以使用,但是要避免拿去探望病人,因为会有忌讳菊花的人。

在插花时,将花茎剪短并注意插时要能看见花的正面。这样的作品给人一种西式风格的强烈印象。另外,菊花还具有一种令人清爽的、独特的香气。

切花生产量位居日本国内第一。颠覆了菊花是佛坛和祭祖用花的印象,时髦的品种也上市流通了。

花朵是朝上开放的。

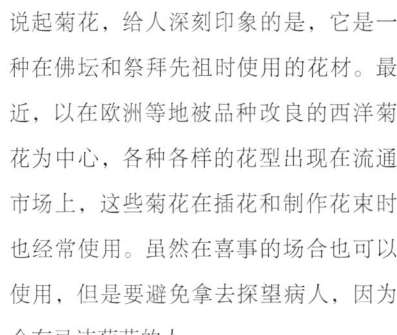

挑选中央部分是坚硬并紧实的花朵,可保持花期长久。

Data

植物分类:
菊科菊属

原产地:
中国

日本名:
菊

花期:9—11月

市场流通规格:
30cm~1m 左右

花朵尺寸:小・中・大

价格范围:
100~500 日元

花语
高贵、高洁、清净、深思熟虑、一点儿爱

上市时间

便笺贴

水养时间:5~7 天
切口处理方式:水中折断
注意要点:不喜欢被刀剪切,在水中用手将茎折断后进行吸水。
搭配花材推荐:
大花蕙兰(P78)
百合(P160)

叶的表面和背面。在茎上左右交替地生长。

"Seiopera pink"
(品种名)

因叶子比花先枯萎,所以要适度间隔地摘除叶片。

菊花品种目录

"Anastasia"系列。品种名"Pink"。花色不同给人的印象也不同。

让菊花的印象焕然一新的"Anastasia"系列。品种名"Bronze"。

花开时细细的花瓣像站起来似的。品种名"Anastasiade-lime"。

花型似小球,花色为白色。品种名"Super ping-pong"。

花型似小球。品种名"Piaget yellow"。明亮的黄色给人一种朝气蓬勃的印象。

塞得密密麻麻的花瓣像开放的大丽花似的。品种名"Veludo",花色深红。

米色成分居多有微妙色差的菊花品种也有人气。品种名"Seioperabeige"。

插花实例

将剪短呈圆球状开放的菊花,插满在黄铜色的花器上,给人一种伊斯兰教文化的氛围。注意花朵要正好露出在容器口上。

吉利草

Globe gilia, Bird's-eyes

缓慢地弯曲生长的茎上，盛开着像彩球似的青紫色的可爱小花。仔细一看，这是由约 50~100 朵星型的小花聚集呈球状的花型。像在野外开放的花儿似的，那谨慎的花姿给人一种自然的印象。在市场上流通较多的是名叫"Gillia lepthantha"（中文名叫细花吉利）的品种，以及比吉利草的花朵小一圈的名叫"Gillia capitata"的小花品种。另外还有一种名叫"Gillia tricolor"的花蕊为黑紫色的品种。

聚集在一起呈球状开放的小花。

茎的先端开放着圆圆的可爱的花儿！野草似的自然的美。

叶子呈羽状且有细细的深裂。

"Gillia lepthantha"（中文名为细花吉利）

Data

植物分类：
花荵科
吉利草属

原产地：
北美洲、
南美洲

日本名：
玉咲姫花忍、
姫花忍

花期：6—7月

市场流通规格：
30~80cm

花朵尺寸：小

价格范围：
150~300日元

花语
变化无常的爱、
请到这来、
我的心在流泪

上市时间

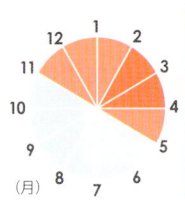

便笺贴

水养时间：3~5天
切口处理方式：水中剪切
注意要点：茎易折，要小心照看。
搭配花材推荐：
香豌豆（P81）
黑种草（P115）

插花实例

在白色的花器里插入吉利草，并与切叶和绿色的果实等花材一起搭配组合，给人一种自然的感觉。

硫华菊

Orange cosmos, Yellow cosmos

硫华菊是波斯菊的同类，花色有黄色和橙色等。尽管它的原产地是墨西哥，但是在日本进行的品种改良。一个开红花的名叫"Sunset"的园艺品种就是在日本出产栽培，在竞赛中获得了金奖。硫华菊与一般的波斯菊相比，叶片深裂较少，植株也较矮，花期较长，盛夏开始就上市流通了。

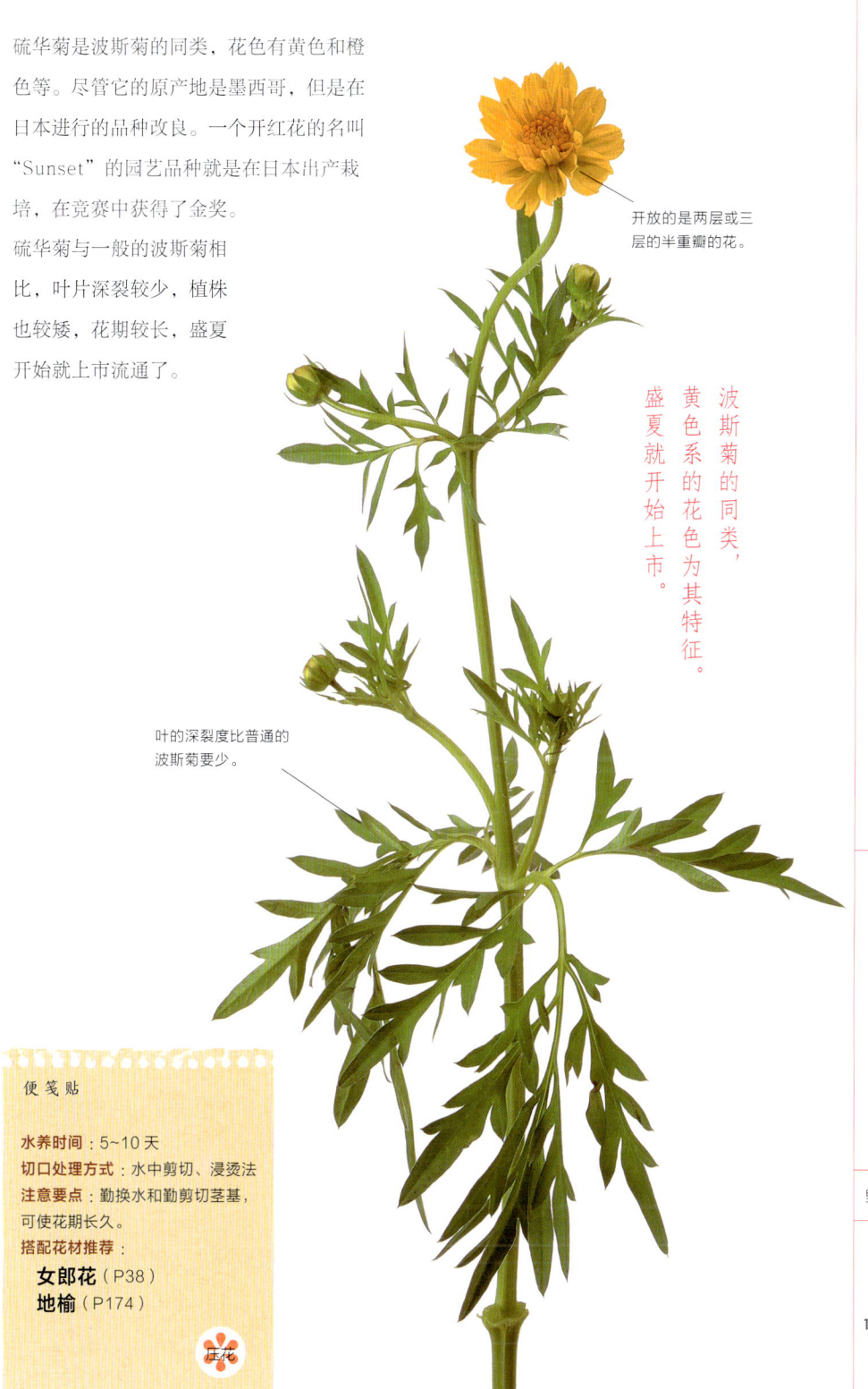

开放的是两层或三层的半重瓣的花。

波斯菊的同类，黄色系的花色为其特征。盛夏就开始上市。

叶的深裂度比普通的波斯菊要少。

便笺贴

水养时间：5~10 天
切口处理方式：水中剪切、浸烫法
注意要点：勤换水和勤剪切茎基，可使花期长久。
搭配花材推荐：
女郎花（P38）
地榆（P174）

Data

植物分类：菊科秋英属
原产地：墨西哥
日本名：黄花秋樱
花期：7—10 月
市场流通规格：30cm~1m 左右
花朵尺寸：中
价格范围：150~300 日元

花语
野生的美、早恋的心

上市时间

金鱼草

Snapdragon, Common snapdragon

许多像金鱼似的鼓鼓的花呈穗状开放。因花型看上去像龙嘴，所以它又叫龙口花（Snap dragon）。

金鱼草的花色丰富，除了有色彩鲜艳的维生素色、轻淡柔和色调的品种外，还有像葡萄酒红色等的优雅色调的品种。另外，随着品种改良的进行，除单瓣的品种外，还有重瓣的、变形的品种等，花型也多种多样。

让人想起金鱼的姿态，有饱满感的花儿。花色很丰富。

挑选花穗紧实的金鱼草。

茎长的金鱼草也很适合大型的插花。

便笺贴

水养时间：5~10 天
切口处理方式：水中剪切、浸烫法
注意要点：花后及时摘除残花，可使未开花的花苞继续开放。
搭配花材推荐：
月季（P120）
圆叶柴胡（P139）

插花实例

将金鱼草的筒状花冠紧紧地扎在一起并插在花器口的一侧，再长插圆叶柴胡，使作品具有动感。

Data

植物分类：
玄参科
金鱼草属
原产地：
地中海沿岸
日本名：
金鱼草
花期：4—6 月
市场流通规格：
15cm~1m 左右
花朵尺寸：小
价格范围：
150~300 日元
花语
预知、厚颜无耻、纯洁的心

上市时间

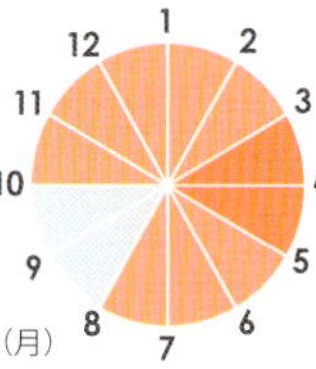

"桃仙"（品种名）

"Butterfly pink"（品种名）

"Butterfly white"（品种名）

"Butterfly yellow"（品种名）

垂筒花

Fire lily, tfata lily

直直向上伸长的茎的先端，细长的筒状和漏斗状的花儿聚集在一起开放。虽然那一朵朵的花儿给人一种谨慎的印象，但又散发着素雅的气度。

微微的香气和像水果似的甜甜的香味也是垂筒花的优点。如果将其放入花束作为礼物送人，对方一定会很高兴。

从鳞茎长出的叶子，在上市流通时几乎都被摘除了。在插花时，利用各种朝向的花儿可插出带有动感的作品。

在茎的先端生长的花也有呈横向和向下低垂状开放的。

水果似的香味是垂筒花的优点。请关注那呈细长筒状开放的有趣的花型。

茎中空并且较柔软。

细长的筒状的先端分成六片花瓣呈漏斗状开放。

便笺贴

水养时间：3~5 天
切口处理方式：水中剪切
注意要点：在水中柔软的茎易腐烂，所以瓶插的水量要少。
搭配花材推荐：
香豌豆（P81）
圆叶柴胡（P139）

Data

植物分类：
石蒜科
垂筒花属
原产地：
南非
日本名：
角笛草
花期：3—4 月
市场流通规格：
30~40 cm
花朵尺寸：小
价格范围：
150~200 日元

花语
被隐藏的魅力、弯曲的魅力、害羞的人

上市时间

唐菖蒲

Corn flag, Sword lily

以前，唐菖蒲是夏季花坛不可缺少的花卉。作为刚刚有些人气的切花来说，近年来在婚礼等华丽的场面也受到注目。那具有透明感的漂亮花瓣飘飘然地和茎相连，上演着各种各样的丰富的表情。

近年来，人气急剧上升！可增强插花作品的整体的华丽感。

虽然夏季开花的给人以豪华感的大花型品种深受欢迎，但经过品种改良，春季开花的小花型品种也开始上市流通。唐菖蒲的花色也很丰富，扩大了在插花上的应用。插花时将其长插还是短插都可以，只将花朵剪下来插也不错。

Data

植物分类：
鸢尾科
唐菖蒲属

原产地：
地中海沿岸、西亚、非洲

日本名：
唐菖蒲、阿兰陀菖蒲

花期：
春季开花 3—5月、夏季开花 6—11月

市场流通规格：
60cm~1m 左右

花朵尺寸：中·大

价格范围：
200~400 日元

花语：
不一般的爱、胜利、幽会、小心、坚固、充满激情的爱、不懈的努力

上市时间

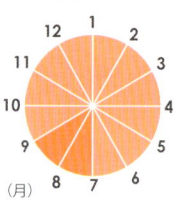

便笺贴

水养时间：3~10 天
切口处理方式：水中剪切
注意要点：花瓣容易受伤，要小心照看。
搭配花材推荐：
洋桔梗（P107）
百合（P160）

插花实例

插花时除了将唐菖蒲长插外，还可将其剪短插在花器中的方法，营造一种丛生茂盛的感觉。

从未开放的花苞上很难分辨出是何种花色，因此应挑选即将开花的唐菖蒲为宜。

控制好水量，可使开花时间延期。

"Princess Summer yellow"（品种名）

"Kelly"（品种名）

"Jessica"（品种名）

白孔雀草

Frost aster

在分枝的茎上，开着许多像菊花似的可爱的小花。那花姿像张开翅膀的孔雀似的，孔雀草的花名便由此得来。

尽管白色的孔雀草为大家所熟悉，但也有花色为粉色、蓝色和紫色的品种。白孔雀草与任何花材都容易搭配，而且它作为散状花材在插花时可充实作品，是一个不可缺少的花材。

开满整株的可爱的小花，是插花的名配角。

勤摘除凋谢的小花，可促使花蕾也开花。

整理摘除过多的细叶后，可爱的花型就会变得显眼。

便笺贴

水养时间：3~5天
切口处理方式：水中剪切
注意要点：因在潮湿的地方花容易凋谢，要将它放置在干燥的地方。
搭配花材推荐：
多枝菊（P90）
百合（P160）

插花实例

将那些使用时不小心折断了的或是在整理过程中掉落的小枝条，插在玻璃花器中，就可欣赏到清纯的花儿的风情。

Data

植物分类：
菊科紫菀属
原产地：
北美洲
日本名：
白孔雀
花期：8—11月
市场流通规格：
60cm~1.5m 左右
花朵尺寸：小
价格范围：
150~300 日元

花语
一见钟情、可爱、高兴、天真烂漫、想象力丰富

上市时间

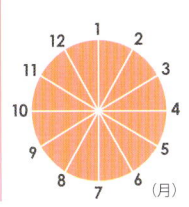

（月）

白玉草

Bladder campion

风铃花

白玉草袋状的花萼像铃铛一样鼓鼓的，看上去好像淡绿色的果实，因此它的别名也叫"风铃花"。花萼悬挂在细细的茎上，轻轻摇动花茎，那摇曳的身姿是那么地轻盈。在花萼的先端处开着可爱的小花。它与花萼的色彩搭配是那么地优雅，在插花时为了不要将它埋没，想办法让其显眼，例如把茎长插。

即使花凋谢了，那像铃铛形状似的花萼也会留下。

像绿色的风铃似的花形让人感觉是那么地轻盈可爱。插花时要将花茎长插。

花凋谢后，将花萼里面枯萎的部分摘除掉，可使花期保持长久。

Data

植物分类：
石竹科蝇子草属
原产地：地中海沿岸
日本名：风铃花
花期：6—7月
市场流通规格：
60~80cm
花朵尺寸：中
价格范围：
150~300日元
花语
虚伪的爱

上市时间

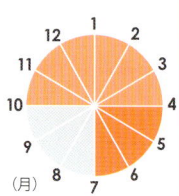

胀鼓鼓的袋状花萼的先端处开着5片花瓣组成的小花。

便笺贴

水养时间：5~10天
切口处理方式：水中剪切
注意要点：插花时注意茎要长插，以表现白玉草摇曳的花姿
搭配花材推荐：
日本蓝盆花（P83）
矢车菊（P158）

金槌花

Gold sticks, Drum sticks

金槌花具有像木琴的敲击工具，木槌似的独特的形状以及那引人注目的鲜艳的黄花。它也有各种各样让人感到亲切的如"Gold sticks"和"Drum sticks"等名字。金槌花作为切花在上市流通时，叶子几乎都事先被摘除，只利用它的花色和花形来插花。

金槌花的优点是因为没有花瓣所以花期容易保持长久。即使在缺水的情况下花色也不易改变，因此也适合作为干花花材来使用。

挑选花粉不易脱落的金槌花。

因金槌花不喜潮湿，小心不要弄湿花朵。

浑身圆滚滚的黄色的花，也适合作为干花。

便笺贴

水养时间：1~2周
切口处理方式：水中剪切
注意要点：因为花不喜潮湿，要注意花遇水容易变色。另外，花开后花粉容易脱落，小心不要沾到衣服上。
搭配花材推荐：
非洲菊（P45）
金边阔叶麦冬（P235）

与实物等大！

Data

植物分类：
菊科
金杖球属
原产地：
澳大利亚、新西兰
日本名：——
花期：6—9月
市场流通规格：
60cm~1m 左右
花朵尺寸：小
价格范围：
150~300 日元

花语
永远的幸福、敞开心扉、精力旺盛

上市时间

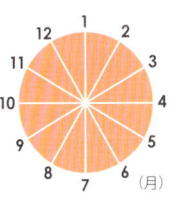

圣诞玫瑰

Christmas rose

圣诞玫瑰以它优雅的花色、开花时或多或少的低头姿态，给人一种羞涩可爱的印象。那看上去像花一样的并不是花瓣而是花萼。

花名因其像是圣诞节期间开放的月季（玫瑰）而得来。但在日本的市场上流通较多的是在春天开花的品种。

最近，根据品种改良的不同，开花时花萼朝上的类型和花色鲜艳的品种也上市流通了。在插花时，要考虑到能看见花的正面再插。

寒冷的季节开始开花。素雅的色调和可爱的表情，使其很有人气。

花后的姿态是一种很好的干花。

重瓣花的类型。

花上长有很多斑点的品种。

因花茎吸水力不强，要勤剪茎基并换水。

Data

植物分类：
毛茛科
铁筷子属

原产地：
欧洲、
地中海沿岸

日本名：寒芍药

花期：12—4月

市场流通规格：
30~50cm

花朵尺寸：中

价格范围：
150~400日元

花语
追忆、
请不要忘了我、
请缓解我的不安、
安慰、丑闻

上市时间

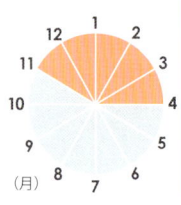

插花实例

将白色与绿色的花材搭配组合，构成清爽感的插花作品。插入围成一圈的起到强调作用的常春藤。

便笺贴

水养时间：1周左右

切口处理方式：水中剪切、灼烧法

注意要点：水分容易丧失，要勤剪茎基并马上吸水。

搭配花材推荐：
小苍兰（P141）
常春藤（P219）

正花

开花

新南威尔士州角瓣木

New South Wales Christmas Bush

生长在南半球的澳大利亚，是一种会告知夏季圣诞来临的植物。那看上去像红花的部分是它的花萼。白色的星型小花既小又不显眼，反而是那花萼在花凋谢后变为红色，一眼望去好像花瓣一样。

新南威尔士州角瓣木作为进口的切花，在冬季圣诞期间流通上市。
另外，它也有花萼变为白色的名叫"White Christmas bush"的品种。

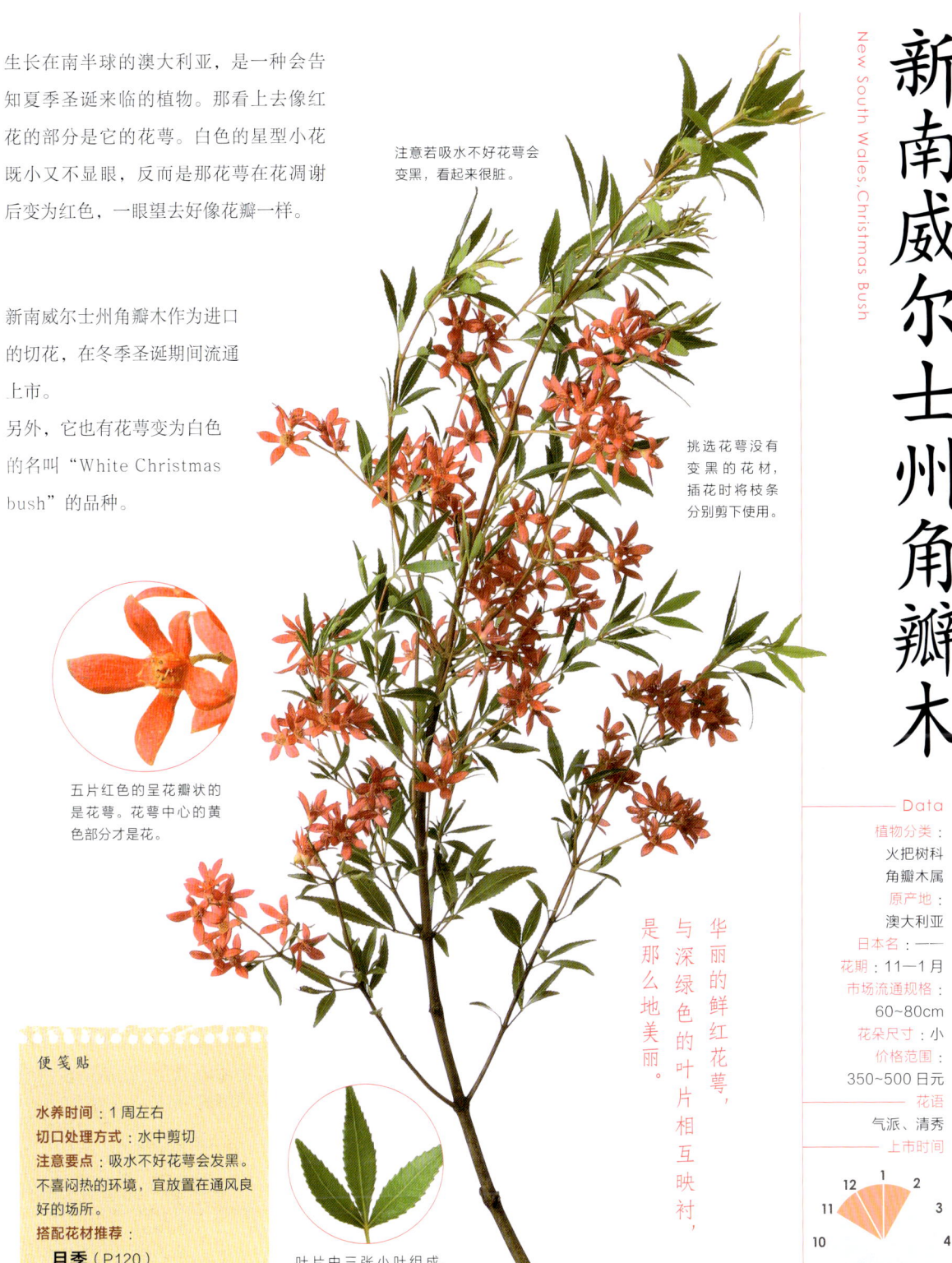

注意若吸水不好花萼会变黑，看起来很脏。

挑选花萼没有变黑的花材，插花时将枝条分别剪下使用。

五片红色的呈花瓣状的是花萼。花萼中心的黄色部分才是花。

华丽的鲜红花萼，与深绿色的叶片相互映衬，是那么地美丽。

便笺贴

水养时间：1周左右
切口处理方式：水中剪切
注意要点：吸水不好花萼会发黑。不喜闷热的环境，宜放置在通风良好的场所。
搭配花材推荐：
月季（P120）
花毛茛（P164）

叶片由三张小叶组成，小叶的叶缘都是细小的锯齿。

Data

植物分类：
火把树科
角瓣木属
原产地：
澳大利亚
日本名：——
花期：11—1月
市场流通规格：
60~80cm
花朵尺寸：小
价格范围：
350~500日元

花语
气派、清秀

上市时间
（月）

嘉兰

Gloriosa lily,Glory lily,Flame lily

嘉兰的花名来源于拉丁语"美丽"之意。正如所言，那大朵的花儿、鲜艳的色彩和有跳动感的花瓣等都使其成为引人注目的个性花材。

除了像燃烧的火焰一样色彩鲜艳的红色系品种较为普遍外，还有黄色、橙色、粉红色的品种。除此之外，还有一种花开初期花瓣为黄色，之后逐渐变为红色的品种。

因为从叶的先端开始伸出的卷须具有好像要将周围缠绕起来的性质，所以拉卷须时小心不要将其碰断或剪断。另外嘉兰也适合做花束和会场装饰用花。

> 那有跳动感的花瓣，上演着豪华的存在感。也适合做会场装饰用花。

"Lime"（品种名）

"Pearl white"（品种名）

若吸水充分，花苞也能开放。

花瓣容易被折断，使用时小心。

"Roths child"（宽瓣嘉兰）

Data

植物分类： 百合科 嘉兰属
原产地： 非洲、南亚
日本名： 狐百合、百合车
花期： 6—7月
市场流通规格： 50~80cm
花朵尺寸： 中
价格范围： 300~800日元
花语： 充满光辉的世界、华丽、华美
上市时间

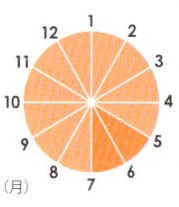
（月）

便笺贴

水养时间： 1周左右
切口处理方式： 水中剪切、灼烧法
注意要点： 花瓣容易被折断，小心照看。
搭配花材推荐：
　月季（P120）
　向日葵（P132）

插花实例

将橙色和黄色的花组合搭配来插花，让人仿佛想起盛夏的太阳。在作品中央的绿色的花也是嘉兰。

姜荷花

Hidden lily

属于姜科植物的姜荷花，洋溢着夏天热带的气氛。重叠的花瓣看上去像花一样，其实那不是花而是苞片。小花藏在苞片之间开放。插花时，如果对直立向上生长的茎的线条和个性的苞片加以突出，就会给作品带来一定的效果。除了在市场流通的常见的粉色系品种外，还有白色和绿色及迷你型的品种也有人气。其中绿色品种也可像切叶一样使用，很是方便。

作为夏天的花束和插花的花材。绿色品种也可以作为切叶来使用。

这不是花瓣而是苞片。

在苞片和苞片之间开放的小花。

小型的迷你姜荷花。

"Emeraldpagoda"（品种名）

"White"（品种名）

吸水能力较强，花期也保持长久。

"Chiangmai"（品种名）

Data

植物分类：姜科 姜黄属
原产地：东南亚
日本名：春郁金
花期：6—10月
市场流通规格：20~30cm
花朵尺寸：中·大
价格范围：150~300日元
花语：沉醉在你的身影里 因缘、忍耐

上市时间

便笺贴

水养时间：1周左右
切口处理方式：水中剪切
注意要点：勤换水可使花期保持长久。
搭配花材推荐：
红掌（P30）
大丽花（P95）

65

荷包牡丹

Bleeding heart

荷包牡丹的名字来源于它的花的形状像是一种装饰在佛前的名叫“花雕”的通透佛具。另外，还因为它的花朵宛如被吊起来的鲷鱼，所以别名又叫“鲷钓草”。

荷包牡丹的花儿是从心形的花苞下部裂开后开放的。花垂吊在细长的茎上，整齐有序地排成一列。那可爱的线条，日式或西式插花都可以利用。在西方国家，也有把荷包牡丹的花比作一颗颗的心，作为复活节的装饰来使用。

心形的可爱花儿。排成一列的可爱姿态，插花时要充分利用。

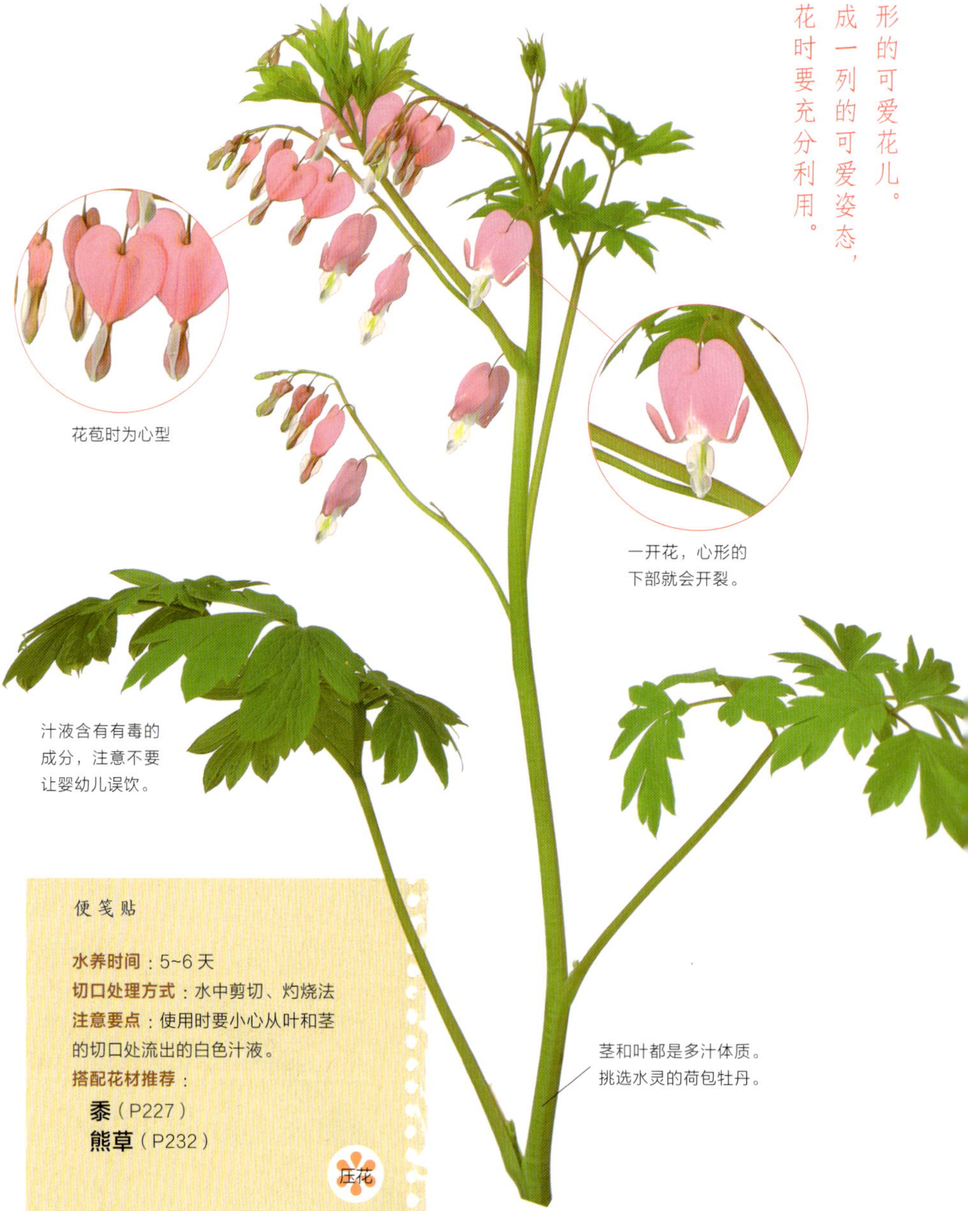

花苞时为心型
一开花，心形的下部就会开裂。
汁液含有有毒的成分，注意不要让婴幼儿误饮。
茎和叶都是多汁体质。挑选水灵的荷包牡丹。

Data

植物分类：
罂粟科荷包牡丹属

原产地：
东亚、
北美洲

日本名：
鲷钓草、
藤牡丹、
璎珞牡丹

花期：4—5 月

市场流通规格：
30~80cm

花朵尺寸：小

价格范围：
300~400 日元

花语

失恋、
紧跟着你

上市时间

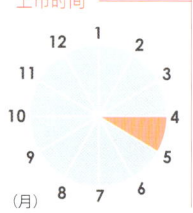

1
2
3
4
5
6
7
8
9
10
11
12
（月）

便笺贴

水养时间：5~6 天

切口处理方式：水中剪切、灼烧法

注意要点：使用时要小心从叶和茎的切口处流出的白色汁液。

搭配花材推荐：

黍（P227）

熊草（P232）

压花

鸡冠花

Cockscomb, Wool flower

长期以来鸡冠花作为园艺花卉一直受到人们的喜爱。最近它作为切花也受到欢迎。它花色丰富，是制作各种类型的插花作品的一个重要花材。

鸡冠花的花形和大小也各种各样。可划分为天鹅绒般质感的花且密生重叠成球状的"久留米鸡冠花系"、像鸡冠形状的"鸡冠鸡头系"、花形呈羽毛状的"羽毛鸡头系"、穗状的"枪鸡头系"等。尾穗苋（P23）就是"枪鸡头系"的一种。

因花朵容易发霉，切勿对着花朵浇水。

天鹅绒般质感的花朵长得像鸡冠似的。

"羽毛鸡冠"
（羽毛鸡头系的品种）

"Bombay green"
（鸡冠鸡头系的品种）

那让人感到温暖的，具有独特质感的鸡冠花很有人气。也用于个性的插花作品中。

"Bombay red"
（鸡冠鸡头系的品种）

插花实例

在古典风的花器中插入鸡冠花和大丽花，注意配叶要少插，还要能看到花的正面。

便笺贴

水养时间：5~7 天
切口处理方式：水中剪切
注意要点：若花被淋湿或被放置于潮湿的环境下，花朵易发霉。
搭配花材推荐：
　大丽花（P95）
　月季（P120）

Data

植物分类：苋科青葙属
原产地：东南亚、印度
日本名：鸡头、鸡冠花、韩蓝
花期：7—10月
市场流通规格：30~80cm
花朵尺寸：中・大
价格范围：100~400日元
花语：爱打扮、永不褪色的恋情、博爱、奇妙、做作的人

上市时间

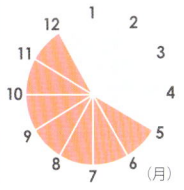

波斯菊

Cosmos

波斯菊作为代表日本秋季的花卉已深为大众所熟悉，它的原产地是墨西哥。据说是在日本明治时代引进栽培的。

在插花时，要尽可能地摘除易受伤的叶子，使花形引人注目。另外，如果利用那像在随风摇摆的自然的花茎线条就更漂亮了。

波斯菊除了有代表性的单瓣品种外，最近也有重瓣和筒状花瓣的品种开始上市流通了。花色和变种也在不断增加。

装点秋天的代表性花卉管状花瓣品种等新面孔也陆续上市。

Data

植物分类： 菊科秋英属
原产地： 美国、墨西哥
日本名： 秋樱、大春车菊
花期： 9—10月
市场流通规格： 80cm~1m
花朵尺寸： 中
价格范围： 150~400日元
花语： 少女的纯洁、少女的真心
上市时间

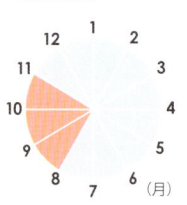

便笺贴

水养时间： 5~10天
切口处理方式： 水中剪切、浸烫法
注意要点： 尽可能地摘除易受伤的叶子；勤换水、勤剪切茎基并及时进行吸水处理，可保持花期长久。
搭配花材推荐：
　佩兰（P137）
　地榆（P174）

 压花

若勤换水和勤剪切茎基并及时进行吸水处理，花期可保持长久。

挑选茎细且结实的波斯菊。

"Picoty"（品种名）

"Yellow garden"（品种名）

"Sea shells"（贝壳波斯菊）

插花实例

将几朵带有清秀素雅气氛的白色波斯菊，随意地插入白色的花器中。

外层的花瓣较长而内层的花瓣较短的半重瓣品种。

"Double click"
（品种名）

69

宫灯百合

Chinese lantern lily, Christmas-bells

风一吹，好像马上就能听见"叮铃铃"的声音，像风铃状的花就是宫灯百合的优点。一枝宫灯百合的花茎上可开出7~10朵橙色的花。它的叶的先端有卷须，在插花时可起到支撑其他花材的作用。

在原产地的南非，到了12月左右宫灯百合就会开花，因此它又叫"圣诞风铃"。另外，又因为花的形状酷似灯笼，所以也叫"中国宫灯"。

> 风铃似的花形和叶片先端的卷须，十分招人喜爱。

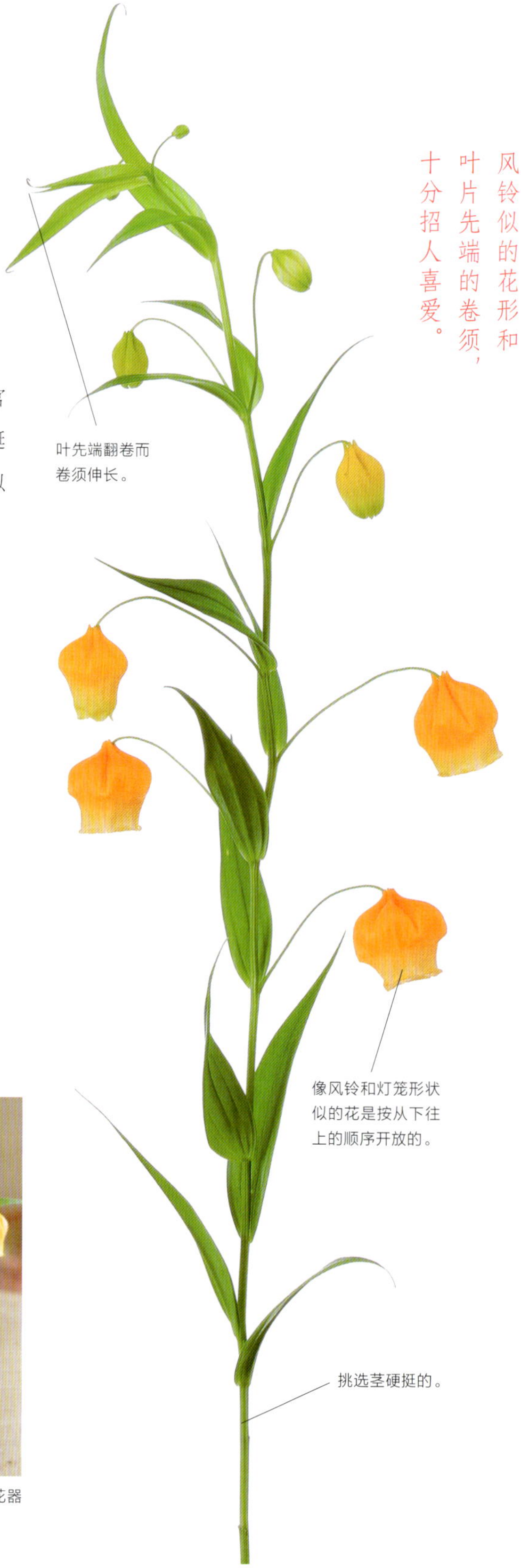

叶先端翻卷而卷须伸长。

像风铃和灯笼形状似的花是按从下往上的顺序开放的。

挑选茎硬挺的。

Data

植物分类：
百合科
宫灯百合属

原产地：
南非

日本名：
提灯百合

花期：6—7月

市场流通规格：
30~80cm

花朵尺寸：中

价格范围：
200~400日元

花语
望乡、共鸣、祝福、祈祷、纯真的爱、福音、招人喜欢

上市时间

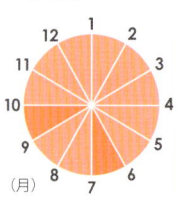

(月)

便笺贴

水养时间：7~10天
切口处理方式：水中剪切
注意要点：花后及时摘除残花，可使未开放的花继续开放。
搭配花材推荐：
嘉兰（P64）
Bulbinella（P129）

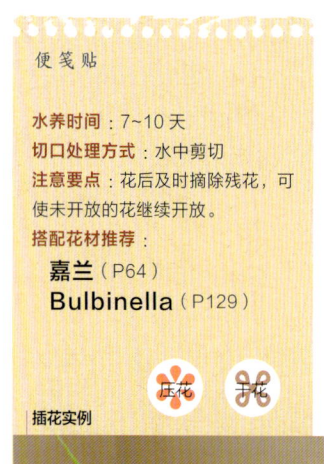

插花实例

将一枝宫灯百合分段剪短，集中插在较浅的花器中，就像点亮了小小的宫灯似的。

蝴蝶兰

Moth orchid

一看名字，就像看到"蝴蝶在飞"似的。而从那优美的花姿看，蝴蝶兰作为祝贺等用途的馈赠礼物是需求量很大的。蝴蝶兰属于高档花卉，因为花瓣不易凋谢，即使是作为切花也能长时间欣赏。

蝴蝶兰除清秀高雅的白色品种外，还有给人以可爱的印象的粉色和淡黄色、优雅的褐色、清凉感觉的橙绿色等品种，花色变化很丰富。另外，在插花时容易采纳使用的迷你型品种也上市流通了。

便笺贴

水养时间：10~14 天
切口处理方式：浸烫法
注意要点：要放在室温 12℃以上的温暖场所。
搭配花材推荐：
　　唐菖蒲（P58）
　　新西兰麻（P231）

挑选花瓣厚且硬挺的蝴蝶兰。

若吸水充分花瓣不易凋谢。

使用切花延命剂等，可使花苞也容易开放。

花姿气质高雅优美，作为礼物被大家所喜爱，花色丰富和不同尺寸的品种也上市了。

"Seine"（品种名）

"桃"（品种名）

"Tango"（品种名）

"Amabilis"（台湾嬷嬷）

Data

植物分类：
兰科
蝴蝶兰属
原产地：
东南亚、
南亚、
台湾、
澳大利亚
日本名：
蝴蝶兰
花期：4—6 月
市场流通规格：
40~80cm
花朵尺寸：大
价格范围：
500~1500 日元

花语
纯洁、
我爱你、
华丽的、
幸福向你飞来

上市时间

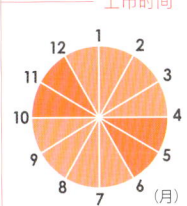

仙客来

Cyclamen

仙客来作为冬季盆花，给人以强烈的馈赠礼品的印象，近来切花也以混色合成一束的形式来上市流通了。

仙客来的花瓣有呈波皱形的，花色有复色的等等，将这些各种各样的品种一起搭配使用，就能华丽地完成作品。仙客来也可以与用于西式插花的切花一起搭配制作圣诞插花，还可以在带有日本气氛的正月插花中使用。

作为冬天盆花的典型代表，最近也作为切花上市了。可插出印象深刻的作品。

红、粉、紫、白等花色的仙客来较多以多色混合的形式在市场流通。

花瓣呈波皱形的品种也有人气。

叶子与花分开在市场上流通

虽然仙客来以前只是以花的形式在市场上流通，但最近与花分开的带有叶脉纹样的和不同深浅绿色的个性的叶子，也作为切叶上市流通。

Data

植物分类：
报春花科
仙客来属

原产地：
地中海地区

日本名：
篝火草

花期：11—4月

市场流通规格：
20cm

花朵尺寸：中・大

价格范围：
不同花色合为一束
300~500日元

花语
纽带、腼腆、内向、
经常客气、
有疑问、嫉妒

上市时间

插花实例

在摆放好的几个小玻璃花器中插入仙客来，插时注意取得花和叶的平衡。

便笺贴

水养时间：1~2周
切口处理方式：水中剪切
注意要点：将其装饰在凉爽的场所，花期可以保持长久。
搭配花材推荐：
野蔷薇果（P208）
银叶菊（P224）

江户时代（1603~1867）末期，一个名叫 Siebold 的德国博物学家将原产于日本的植物"樒"带回了荷兰。品种改良后，茵芋得到了普及。其红色品种也常用于制作圣诞花环。

茵芋圆圆的小花蕾简直像果实一样。作为切花，茵芋是以花蕾的形式在市场上流通的，花蕾几乎不开放。因此，在插花时，茵芋是为了衬托主花的名配角。另外，它的叶肉厚且颜色浓绿，给人以强烈的存在感，经过整理后插入作品中可起到衬托花材的作用。

Skimmia

茵芋

数不清的花蕾看上去就像小小的果实。

一粒粒小花蕾好像果实一样。
红色品种也用于圣诞的插花。

有光泽的大叶片，存在感很强。

插花实例

在花器中插入充足的红色和绿色的茵芋。若选用白色的花器，可使作品显得舒畅统一。

便笺贴

水养时间：7~10 天
切口处理方式：水中剪切、深水法
注意要点：若吸水不好花会向下垂，在水中剪掉一部分茎基后将其浸泡在深水里一段时间为宜。
搭配花材推荐：
朱顶红（P24）
天门冬（P219）

Data

植物分类：
芸香科茵芋属
原产地：
日本
日本名：
深山樒
花期：4—5月
市场流通规格：
20cm
花朵尺寸：小
价格范围：
200~400 日元
花语
纯洁
上市时间
（月）

打破碗花花

Japanese anemone

尽管日本的花名里有一个“菊”字，但它却是银莲花属的植物。日本从中国引进打破碗花花，在京都的贵船山周围经常可见到野生的打破碗花花，所以它有个日本名叫“贵船菊”。

那带着楚楚样子的单瓣品种，作为秋天的茶室的插花花材和盆花都被人所喜爱。插花时，若将那长得晃晃悠悠的茎和茎先端可爱的花蕾加以利用，就可以插出节奏感来。灵活地运用那给人以优雅印象的打破碗花花吧！

晃晃悠悠的细茎引人注目。作为茶室用花也受到欢迎。

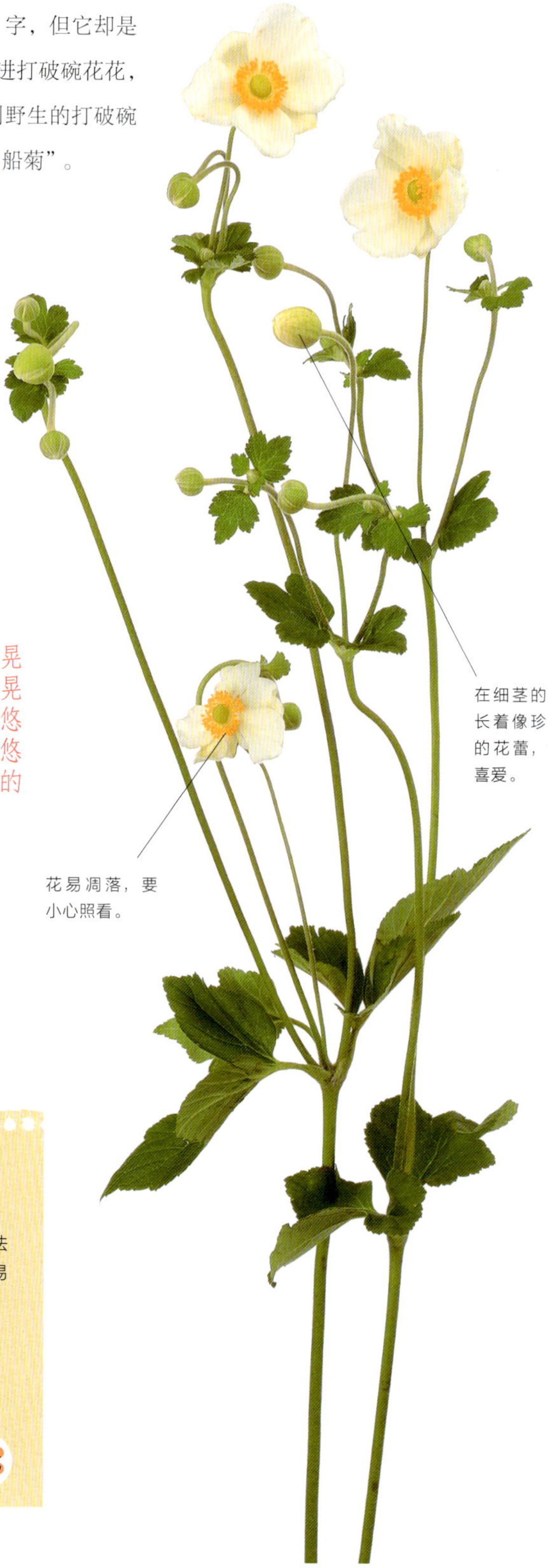

在细茎的先端长着像珍珠似的花蕾，令人喜爱。
花易凋落，要小心照看。

Data

植物分类：
毛茛科
银莲花属
原产地：
中国
日本名：
秋明菊、
贵船菊
花期：9—10 月
市场流通规格：
60cm~1.2m
花朵尺寸：中
价格范围：
150~300 日元
花语
渐渐淡薄的爱、忍耐
上市时间

1
2
3
4
5
6
7
8
9
10
11
12
（月）

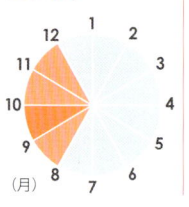

便笺贴

水养时间：5~7 天
切口处理方式：浸烫法、烧灼法
注意要点：若被风吹到水分容易丧失，要注意放置的场所。
搭配花材推荐：
佩兰（P137）
龙胆花（P169）

压花

芍药

Chinese peony, Common garden peony

古时，有"立如芍药，坐如牡丹"这样的句子，芍药花作为形容女子美丽和气质出众而被世人所知。

芍药种类丰富，除了有单瓣和重瓣、粉色品种外，也有红色和白色以及罕见的黄色系品种等。照片上的芍药名叫"滝之粧"，是属于月季型的品种。它的流通量大，是很受欢迎的品种之一。

芍药给人以强烈的存在感，即使是插一朵花也能单独成为一个作品，而且还能很好的融入到日式或西式风格的插花作品中。另外，若芍药处在花蕾的状态下用来插花，还可欣赏到从花蕾到大花盛开的花姿的变化。

从花蕾到大花的绽放动态到花姿的变化都引人注目。

从花蕾到含苞欲放再到盛开，芍药的表情发生戏剧性地变化。

一层又一层的花瓣重叠在一起开放。

若插花前摘除掉过多的叶子，可使花期保持长久。

在横向放置的长长的玻璃花器里插上大朵芍药，在花的四周插经过整理扎起的芍药叶。

便笺贴

水养时间：4~5天
切口处理方式：水中剪切、烧灼法
注意要点：坚实的花蕾的表面布满了像蜜一样的粘稠的糖液，将它洗掉后，花蕾就容易开放了。
搭配花材推荐：
虎眼万年青（P39）
白鸢尾（P220）

插花实例

Data

植物分类：
芍药科芍药属
原产地：
中国、蒙古、朝鲜半岛北部
日本名：
芍药
花期：5—6月
市场流通规格：
40cm~1m
花朵尺寸：大
价格范围：
200~600日元
花语：
腼腆、内向、天生的俭朴

上市时间

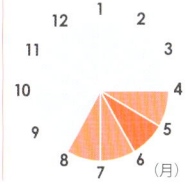

高雪轮

Garden catchfly

高雪轮有很多种类，和"白玉草"（P61）一样也是蝇子草属的植物。但是，在花店以"高雪轮"的名字出售的花，几乎都是指照片上的花。

在日本名叫"小町草"，也叫"虫捕抚子"，是由"只要虫子一停在茎上就会被茎分泌的黏液粘住动弹不了"的说法而得来。自古以来人们对这叫法都非常熟悉。风一吹，在风中摇曳的高雪轮就像带有一种草花风的气氛，因此很适合制作自然风的插花和花束等。

茎的先端聚集着开放的小花。

从花下和节下的茎中会分泌出黏液。

在花店，一说『高雪轮』就是指这种花。适合插野草风的插花。

樱小町（品种名）

Data

植物分类：
石竹科蝇子草属

原产地：
欧洲中南部

日本名：
小町草、
虫捕抚子

花期：5—7月

市场流通规格：
30~40 cm

花朵尺寸：小

价格范围：
150~200 日元

花语
青春的爱、留恋、纠缠不休、背叛、圈套、被欺骗的人

上市时间

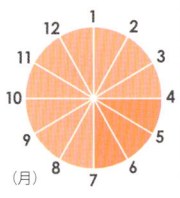
（月）

便笺贴

水养时间：5~7 天
切口处理方式：水中剪切
注意要点：从花下和茎中会分泌出黏糊的液体，使用时要注意。
搭配花材推荐：
屈曲花（P35）
全缘铁线莲（P146）

压花

宿根香豌豆

Sweet pea

夏天开花的宿根香豌豆是多年生草本，别名叫"Summer Sweet pea"。正如文字所描述的，它的优点是带有甜甜的香味。

宿根香豌豆的花瓣形状是豆科特有的蝶形，好像稍微有点洋兰似的华丽。不仅茎长，而且叶和卷须充满着野趣的姿态也是宿根香豌豆的优点。另外，从花语"离家外出"和白色的花中得到启发，在新娘捧花中也经常使用。

对标准的香豌豆而言，充满野性味道、给人朝气蓬勃印象的宿根香豌豆更有魅力。

带有卷须的宿根香豌豆也很多。

翩翩起舞的微圆的花瓣像蝴蝶似的。

长而结实的茎也适合用于花束。

便笺贴

水养时间：3~7 天
切口处理方式：水中剪切
注意要点：为了不使卷须的先端被碰断，要小心照看。
搭配花材推荐：
千日红（P92）
玛格丽特花（P150）

压花

插花实例

将剪短的宿根香豌豆与玛格丽特花一起搭配组合，插成横向扩展的作品。

Data

植物分类：豆科香豌豆属
原产地：地中海沿岸
日本名：宿根 Sweet pea、广叶连理草
花期：6 月
市场流通规格：30~50 cm
花朵尺寸：中
价格范围：150~300 日元

花语
离家外出、隐约的喜悦、优美、甜蜜温馨的回忆、青春的喜悦、微妙

上市时间：5~6（月）

大花蕙兰

Cymbidium

大花蕙兰作为盆栽兰花有根深蒂固的人气，近年来它作为切花也受到欢迎。除了这种花特有的不鲜艳的浅色，还增加了红色和茶色等高雅的深色以及白色品种；花色变得丰富多彩。

因为花朵不易凋谢，所以也很适合用作礼仪插花。茎向下垂的品种，也适合做新娘捧花。而将花朵剪下并让它浮在水面上的插花作品，也很漂亮。

花瓣具有像蜡质工艺似的质感。

花像蜡质工艺似的有光泽，花色的变化也很丰富。剪下花朵并使其浮在水面上，也很漂亮。

放置在室温不会上升的场所，花期可保持长久。

Data

植物分类：
兰科
兰属

原产地：
日本、中国、东南亚、南亚、澳大利亚

日本名：
霓裳兰

花期：11—3月

市场流通规格：
40~80cm

花朵尺寸：大

价格范围：
1000~3000 日元

花语
高贵的美人、不加掩饰的心、朴素

上市时间

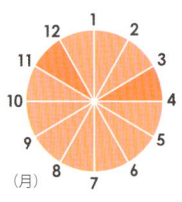
（月）

便笺贴

水养时间：1个月左右
切口处理方式：水中剪切
注意要点：放置在室温不会上升的场所，花期可保持长久。
搭配花材推荐：
　茵芋（P73）
　鸟巢蕨（P226）

插花实例

将绿色的大花蕙兰的花一朵一朵地剪下，和茵芋一起搭配插在白色的碗中。

像蜡质工艺似的花瓣和深色的唇瓣是大花蕙兰的特征。

姜花

Ginger

姜花是大家所熟悉的作料姜的朋友。它的叶子光亮而细长，大而翩然的华丽花卉也具有姜特有的强烈香味。姜花不耐干燥，怕风吹，这会导致叶子发生卷曲，这时就要在水中剪切茎基并使其充分吸水，促使它恢复生机。

姜花是日本南国的花卉，插花时要充分活用其优点。若热带切花与切叶相互组合搭配，会让人感到一种漂亮时髦的氛围。

> 让人不得不想起南国的风情，
> 热带的身姿独具魅力。
> 花香让人想起姜的芳香。

一枝花茎上长有4~10朵穗状的花。

先端尖形的叶子呈两列交互生长。

"Redginger"（红姜花）

插花实例

便笺贴

水养时间：5~7天
切口处理方式：水中剪切
注意要点：当茎过长而难于吸水时，要将茎切掉一半左右再进行吸水。
搭配花材推荐：
　嘉兰（P64）
　红鸟蕉（P147）

精油

在立着使用的带有试管的两个花器中，分别放入姜花的花和叶子，再用细绳将花器分别绑好。

Data

植物分类：姜科 姜花属
原产地：中亚、东南亚
日本名：缩砂
花期：6—11月
市场流通规格：60cm~1m
花朵尺寸：大
价格范围：300~400日元左右
花语：信赖、徒劳的事、丰富的心
上市时间：12、1、2、3、4、5、6、7、8、9、10、11（月）

水仙 Narcissus, Daffodil

水仙的学名"Narcissus"是希腊神话中的美少年的名字。作为"narcist（自恋狂）"的语源也是很有名的。
张开花瓣，以凛然的花姿开放的水仙，在欧洲不断进行品种改良，现在大约有两万多个品种。

"雪中花"是水仙的别名，作为日本原产的"日本水仙"，是在冬天开花的重要的花卉。它经常被作为正月的插花花材来使用。虽然水仙给人以和风的印象很强烈，但用拉菲草将水仙扎成花束，像西式风格那样来装饰也是很漂亮的。

凛然的样子和甜甜的香气使人陶醉。用于西式风格的插花也很漂亮。

中央呈喇叭型开放的品种较为普遍。

Data

植物分类：
石蒜科
水仙属

原产地：
欧洲、
地中海沿岸

日本名：
水仙

花期： 11—4 月

市场流通规格：
20~40cm

花朵尺寸： 中

价格范围：
100~200 日元

花语
自恋、自尊心、
自满、高尚、
再爱一次

上市时间

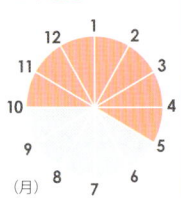
（月）

便笺贴

水养时间：3~7 天
切口的处理方式：水中剪切
注意要点：要仔细清洗从切口处流出的黏液后再插花。
搭配花材推荐：
荷兰鸢尾（P13）
龙爪柳（P179）

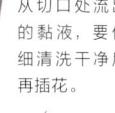

插花实例

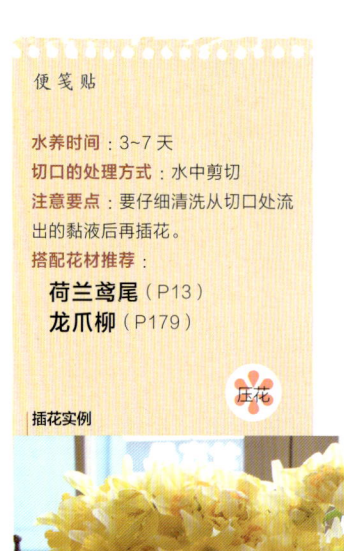

水仙的直立伸长的茎也是美丽的花材。将水仙插在玻璃花器中来装饰时要能看见茎的线条。

从切口处流出的黏液，要仔细清洗干净后再插花。

"Fortune"（品种名）

因为香豌豆的花色丰富且有透明感，以及像皱褶似的个性花姿，因此在制作像春天般的花束和插花等作品时经常使用。

香豌豆有春花、夏花、冬花三个系统，其中在市场流通最多的是春花。"Sweet pea"（甜甜的豆子），这个名字从它甜甜的香味和豆科所具有的独特的花形而得来的。随着品种的不断改良，花变得不易凋谢并且花开后也变得不易掉落。

丰富的花色和像在风中翩翩起舞似的有个性的花姿，使香豌豆很有人气。

香豌豆
Sweet pea

也可以将花与花之间的茎剪断后分开使用。

大量地插入一种同色的香豌豆的作品很美，柔和色调的香豌豆混合在一起插花也很漂亮。

花开过几天后，花瓣开始褪色并变薄起来。

插花实例

便笺贴

水养时间：5~7天
切口处理方式：水中剪切、浸烫法
注意要点：花后摘除残花，可使花期保持长久。
搭配花材推荐：
　郁金香（P97）
　花毛茛（P164）

压花

Data

植物分类：
豆科香豌豆属
原产地：
地中海沿岸
日本名：
麝香连理草、
花豌豆
花期：3—5月
市场流通规格：
30cm
花朵尺寸：中
价格范围：
100~300日元

花语
离家外出、甜蜜温馨的回忆、青春的喜悦、微妙、你要记着我、纤细、优美、微妙的喜悦

上市时间

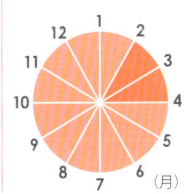

芒草

Eulalia

在插花时加入芒草，好像一下子就变成了秋天的气氛。它也是八月十五赏月时不可缺少的花材。可将它与在秋天的野地里开放的草花一起组合搭配装饰。

虽然芒草野生于日本的山野中，但它的园艺品种十分丰富。如照片所示"鹰之羽芒草"（中文名：斑叶芒），因其叶片的美而受到欢迎。因具有像老鹰的羽毛似的白色环状斑叶片而得名。

在八月十五的赏月中大显身手！利用自然的姿态，上演秋天的感觉。

花穗一枯萎就变得像绒毛似的。

便笺贴

水养时间：5~7天
切口的处理方式：
水中剪切、深水法
注意要点：叶子容易干燥，插花前要将它放入深水中浸泡。
搭配花材推荐：
桔梗（P50）
龙胆花（P169）

插花实例

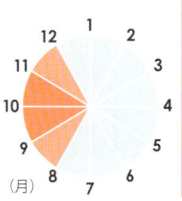

将足够多的芒草和白色的龙胆花插入用马口铁制成的大花器中，让人感受秋意的插花。

叶片硬，注意不要割到手。

"斑叶芒"（品种名）

Data

植物分类：
禾本科
芒属

原产地：
日本、中国、朝鲜半岛

日本名：
薄、芒、尾花

花期：8—11月

市场流通规格：
1~1.2m

花朵尺寸：小
（穗全体来说是大）

价格范围：
150~250日元

花语
活力、精力、心相通、隐退

上市时间

日本蓝盆花

Sweet Scabious,Mourning-bride,Egyptian rose

具有强烈存在感的雅致的日本蓝盆花，它的优点是聚集在一起开放的小花和它细且柔软的茎的线条。

以淡淡的柔和色调为中心的花色很丰富。就连花后残留的花萼也很有魅力，它被称为"星花轮峰菊"，也被作为花材来使用。

在约有80余种种类的蓝盆花属中，最近天鹅绒似的带有光泽的优雅花色日本蓝盆花，因其颇具个性的类型而人气高涨。

线条优美的茎，具有存在感的富有魅力的花。

因花朵较重而易改变方向，可用其他花材等来固定。

便笺贴

水养时间：3~5天
切口的处理方式：水中剪切、浸烫法
注意要点：因不喜潮湿和闷热的环境，要将叶片整理摘除后再插花。
搭配花材推荐：
洋桔梗（P107）
月季（P120）

插花实例

将不同花色的优雅的日本蓝盆花与红色果实扎起，再用一叶兰缠绕手握部分后插入玻璃花器中。

若水分丧失，可用报纸将其包好，再用浸烫法进行吸水处理。

"Chile Black"（品种名）

"星花轮峰菊"（品种名）

优雅花色的混合

Data

植物分类：
川续断科
蓝盆花属
原产地：
西欧、西亚
日本名：
西洋松虫草
花期：6—11月
市场流通规格：
1m左右
花朵尺寸：小
价格范围：
100~250日元

花语

风情、失去了爱、敏感、从零开始

上市时间

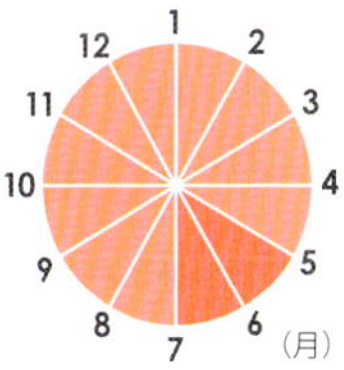

补血草

Statice, Sea lavender

看上去像花的部分实际上是苞片。苞片和茎摸上去感觉干巴巴的，补血草在还是鲜花时就像干花一样。除了苞片像刷子似的排列的过去的类型外，也有在细分枝的细茎上长着小花的类型。尽管红色、粉色、紫色等色彩鲜艳的花较多，但最近略带茶色的优雅的花色也很有人气。

补血草不仅易吸水而且花朵不易凋谢，因此在花少的夏季是个宝贝。一般的家庭也可以简单地制作补血草的干花。另外，补血草具有独特的气味，注意不要使用过度。

看上去像花瓣似的却是苞片。像刷子似的花姿很可爱！

Data

植物分类：
白花丹科
补血草属

原产地：
欧洲、
地中海沿岸

日本名：
花浜匙

花期：6—7月

市场流通规格：
30~80cm

花朵尺寸：小

价格范围：
100~300 日元

花语
我永远也不会改变、
不变的爱、
永远不变

上市时间

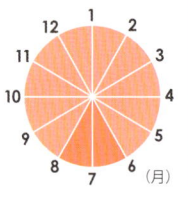

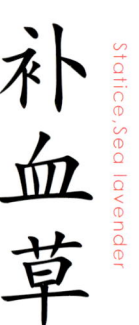
花有独特的气味。

摸上去感觉干巴巴的。

便笺贴

水养时间：2周左右
切口的处理方式：水中剪切
注意要点：因有独特的气味，注意不要使用过度。
搭配花材推荐：
洋桔梗（P107）
百合（P160）

补血草的品种目录

"Chino Blanc"（品种名）

细小分枝的类型。小花散布生长在全体枝条上，因枝条上有分枝所以便于使用。

"Summer Rose"（品种名）

细茎长在分枝上的类型很有人气。那粉色的小花适合给人以甜蜜感的插花。

紫罗兰

Brampton stock,Common stock

英语名"Stock",意思是"坚固的茎",但意外的是它的茎却很容易被折断,使用时要注意。紫罗兰那柔和色调的花儿聚集在一起开放,让人感觉仿佛春天的到来。另外紫罗兰带有甜甜的香味也是其优点。

紫罗兰除了有适合制作大花束的重瓣类型外,也有方便插花的多枝型和单瓣等品种。
紫罗兰的种植历史漫长,早在希腊时代就已将它作为药草进行栽培。

在粗壮的茎上,优雅色调的花儿密集在一起开放。

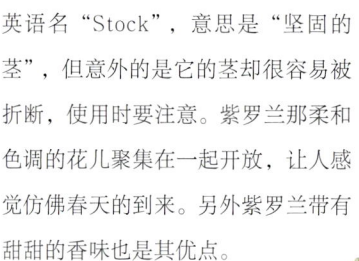

挑选花与花的间隔还没有加大的紫罗兰。

虽然茎和花梗粗壮也容易被折断,使用时注意。

"White Quartet"(品种名)
(多枝型品种)

Data

植物分类:
十字花科
紫罗兰属
原产地:
欧洲南部
日本名:
紫罗兰花
花期:2—4月
市场流通规格:
30~80cm
花朵尺寸:中
价格范围:
200~400日元

花语
永远的美、
求爱、
永远持续的爱的纽带、
宽广的爱、
爱的结合

上市时间

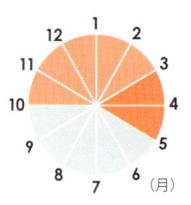

便笺贴

水养时间:5~7天
切口的处理方式:水中剪切、浸烫法
注意要点:茎容易被折断,要小心照看。
搭配花材推荐:
　　康乃馨(P41)
　　郁金香(P97)

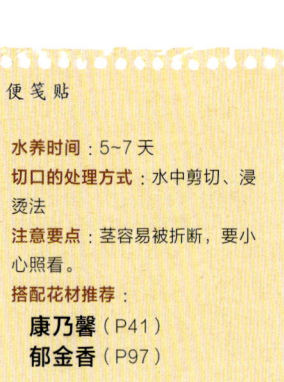

紫罗兰品种目录

"Rose Iron"（品种名）

"Marine Iron"（品种名）

"Apricot Iron"（品种名）

"Purple Iron"（品种名）

"Cherry Iron"（品种名）

"White Iron"（品种名）

"Pink Iron"（单瓣）（品种名）

单瓣的品种有四片花瓣。看上去比重瓣的花在全体上有奢华感，较容易插花。

插花实例

将紫罗兰和康乃馨、翠菊一起搭配集中插在中心部，四周再插入大叶的小天使蔓绿绒来扩展。

红三叶草

Crimson clover

"红三叶草"的名字，是因为它的红色花穗让人联想起草莓的果实和蜡烛的火焰而得来的。白三叶草的花也有呈纵向伸长的白色花穗。利用红三叶草像野花那样的朴素的姿态，来插出自然风的插花吧。

红三叶草的茎会向着光的方向弯曲伸长。那线条的先端上摇动的花穗可在插花时插出动感。另外，如果用报纸将其包好后用浸烫法进行吸水处理，可使弯曲的茎变直。

> 让人想起草莓的果实和蜡烛的火焰的红色花穗，可插出动感的作品。

小花密集形成5~8cm的花穗。花从下往上按顺序依次开放。

红色的花穗让人想起草莓的果实和蜡烛的火焰。

因叶片容易丧失水分，发现叶片萎蔫时要进行整理。

Data

植物分类：
豆科
车轴草属

原产地：
欧洲

日本名：
红花诘草

花期：5—7月

市场流通规格：
40~60 cm

花朵尺寸：小

价格范围：
150~300日元

花语
你要想起我、
不为人知的爱情、
在心中点亮的明灯、
不加修饰的可爱

上市时间

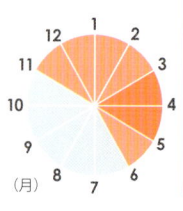

插花实例

为了能更好地利用红三叶草的花，与之相搭配的是切叶花材的蜡菊。

便笺贴

水养时间：5~7天
切口的处理方式：水中剪切
注意要点：叶片容易丧失水分，插花前要进行整理。
搭配花材推荐：
玛格丽特花（P150）
天蓝尖瓣木（P140）

鹤望兰

Bird-of-paradise,Crane flower

具有个性花形的鹤望兰是适合南国生长的花。

它的花瓣外侧为橙色、内侧为青紫色，那暮色逼近时布满晚霞的天空似的异国情调的色调极具魅力。

另外，花形像张开翅膀的鸟儿似的，因此日本名叫"极乐鸟花"。又因为它华丽的姿态和吉利的名字，作为正月的用花也受到欢迎。若与其他同样在南国生长的花和叶子一起组合搭配插花，也很漂亮。

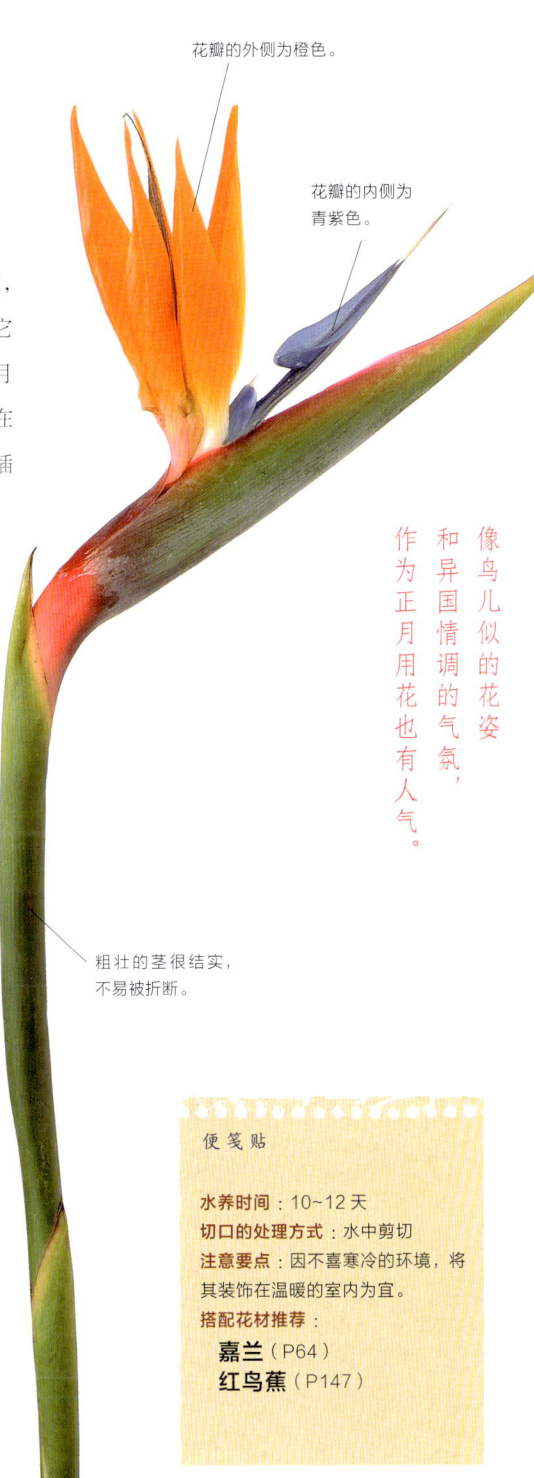

花瓣的外侧为橙色。

花瓣的内侧为青紫色。

粗壮的茎很结实，不易被折断。

像鸟儿似的花姿和异国情调的气氛，作为正月用花也有人气。

便笺贴

水养时间：10~12天
切口的处理方式：水中剪切
注意要点：因不喜寒冷的环境，将其装饰在温暖的室内为宜。
搭配花材推荐：
嘉兰（P64）
红鸟蕉（P147）

Data

植物分类：
旅人蕉科
鹤望兰属
原产地：
南非
日本名：
极乐鸟花
花期：全年
市场流通规格：
80cm~1.5m
花朵尺寸：大
价格范围：
300~600日元

花语
宽容、
装模作样的恋爱、
华丽的爱情

上市时间

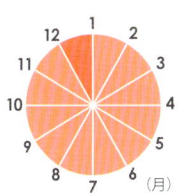

多枝菊

Florist's chrysanthemum

多枝菊有很多品种，虽然在日本多枝菊作为供花给人强烈的印象，但在欧洲和美国，随着多枝菊的品种改良不断进行，最近明亮的粉色和清爽的绿色等、色调柔和的多枝型的西洋菊受到欢迎。

花型有单瓣、重瓣、管瓣、康乃馨花型、小球型等各种各样的品种。若多枝菊的花朵过多时，可稍微摘除掉一些花朵再插花。

让供花的印象焕然一新，明亮的柔和色调的花，连续登场。

菊花具有独特的清新的香气。

便笺贴

水养时间：10~14 天
切口的处理方式：水中折断
注意要点：不喜欢被刀剪切，在水中用手将茎折断后再吸水。
搭配花材推荐：
万寿菊（P152）
百合（P160）

叶片比花先枯萎凋谢，要事先整理清除为宜。

Data

植物分类：
菊科菊属
原产地：
欧洲、美国、中国
日本名：
Spray 菊
花期：9—11 月
市场流通规格：
30cm~1m
花朵尺寸：中
价格范围：
100~300 日元
花语
真实、高贵、高洁、女性的爱情
上市时间

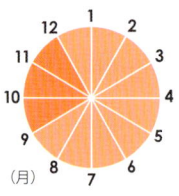
（月）

"Lollipop"（品种名）

"Annecy orange"（品种名）

欧洲木绣球『玫瑰』

Arrowwood

虽然正式的名称为"欧洲木绣球'玫瑰'",但在花店常常只叫它为"雪球"。许多小花聚集在一起,就像是把绣球分成小型的球状花儿似的。

花色由黄绿色变为白色。花集中在枝条的先端开放。

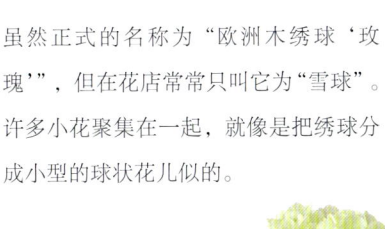

花刚开放时呈黄绿色,一段时间后,花色逐渐变白。叫雪球这个名字也是因为花刚开时花形看上去像雪球而得来的吧。

其清爽的色调,使其在插花时不用选择组合搭配的花材,就能插成色彩明亮的作品。

因为容易丧失水分,要剪开切口基部以促使其吸水。

从黄绿色到白色,花色逐渐发生变化。可用于初夏感觉的清爽的插花。

Data

植物分类:
忍冬科
荚蒾属
原产地:
东亚、
欧洲
日本名:
西洋手毬肝木
花期:4—5月
市场流通规格:
60cm~1m
花朵尺寸:小
价格范围:
500~1500日元
花语
风趣、
很大的期待、
只看我
上市时间

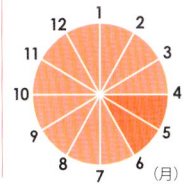

插花实例

便笺贴

水养时间:5~7天
切口的处理方式:水中剪切、切口基部十字剪切法
注意要点:剪开切口基部,可使吸水力变强
搭配花材推荐:
白色和绿色的花
马蹄莲(P49)

在玻璃花器中大量地插入一种欧洲木绣球"玫瑰",而在其前面的花器中插入天蓝尖瓣木。

千日红

Globe amaranth

在细长茎的先端,小花聚集在一起像草莓的果实一样开花的姿态很可爱。以粉红的浓淡的变化的花色很丰富。

以前千日红作为供花给人以强烈的印象,随着品种的改良,现在那可爱的花姿和明亮的花色很受欢迎。千日红可与其他花材一起组成随意的花束,还可以在插花中起到点缀强调的作用。

日文名为"千日红",是因为可以在很长的期间欣赏红色的花色。

在细细伸长的茎的先端长着圆胖的花很可爱!可用于随意的插花中。

花从花脖处易向下垂,因此要使其充分吸水。

与实物等大!

圆胖的花长在茎的先端。小花聚集在一起开放。

便笺贴

水养时间:7~10 天
切口的处理方式:水中剪切
注意要点:制作干花时,在花干巴巴地掉落前使其干燥为好。
搭配花材推荐:
小白菊(P153)
甜蜜蔓爬山虎(P225)

插花实例

千日红是适合于随心所欲进行插花的花儿。与甜蜜蔓爬山虎一起插在玻璃的保存容器中。

Data

植物分类:
苋科
千日红属

原产地:
南美洲热带地区、南亚

日本名:
千日红

花期: 6—10 月

市场流通规格:
30~50 cm

花朵尺寸: 小

价格范围:
100~200 日元

花语
不朽的恋情、
永恒的爱、
不变的爱、安全、
永久的友情

上市时间

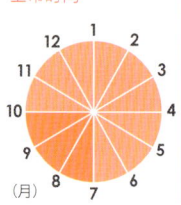
(月)

新娘花

Blushing-bride

看上去有透明感的层层重叠在一起的白色花瓣，实际上是苞片。尽管花的外侧摸上去会感到坚硬，但花的中间却是软软的，摸上去很舒服。

经过一段时间，淡黄色的苞片中央就好像被染上了粉色，欣赏这个变化也是一个乐趣。由此它的英文名叫"Blushing-bride（脸红新娘）"也就可以理解了。当然，作为婚礼用花也受到欢迎。

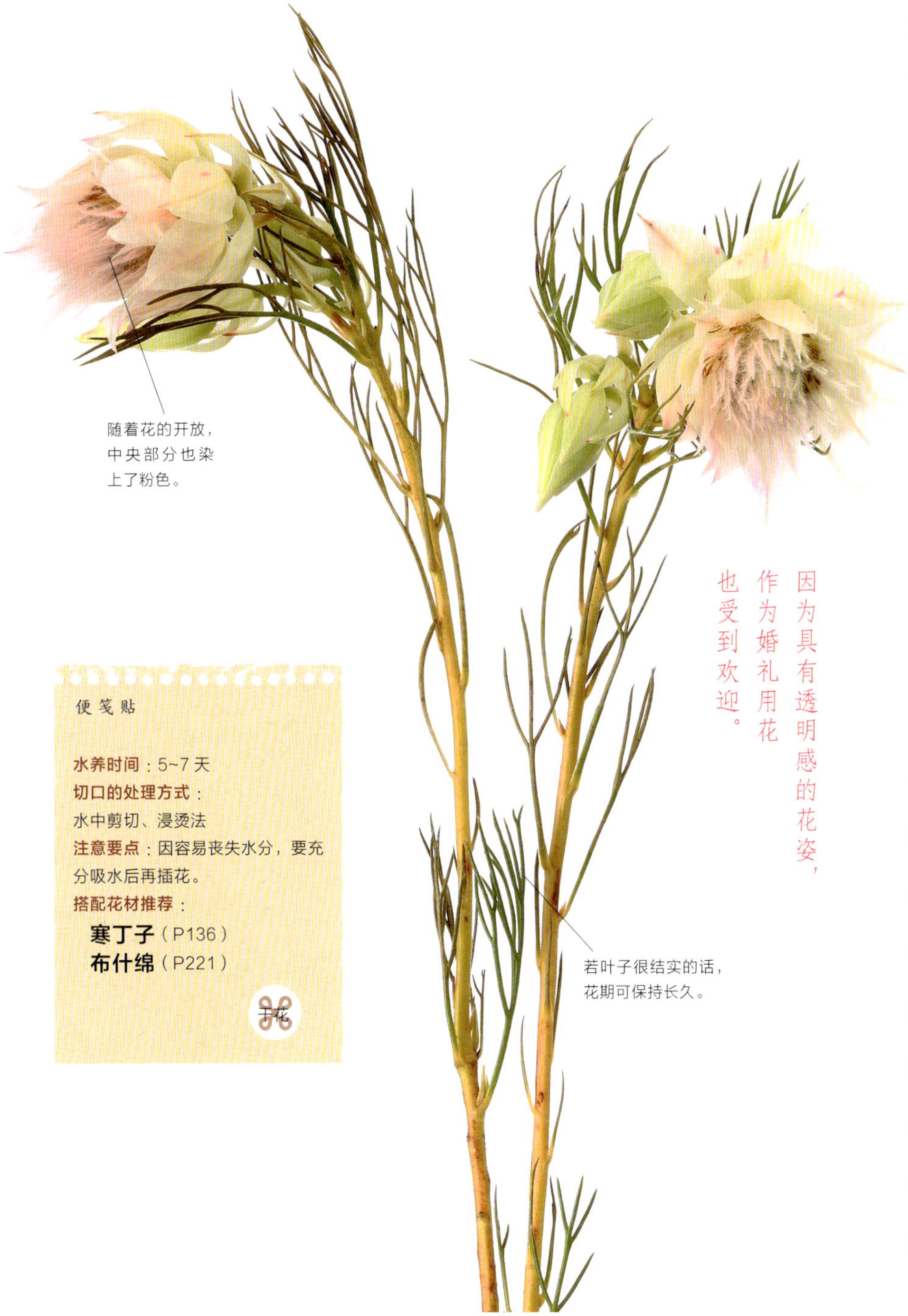

随着花的开放，中央部分也染上了粉色。

若叶子很结实的话，花期可保持长久。

因为具有透明感的花姿，作为婚礼用花也受到欢迎。

便笺贴

水养时间：5~7天
切口的处理方式：
水中剪切、浸烫法
注意要点：因容易丧失水分，要充分吸水后再插花。
搭配花材推荐：
寒丁子（P136）
布什绵（P221）

Data

植物分类：
山龙眼科
Serruria 属
原产地：
南非
日本名：——
花期：4—6月
市场流通规格：
30~40 cm
花朵尺寸：大
价格范围：
300~500 日元

花语
隐约的爱慕、
可怜的心、
出色的知识

上市时间

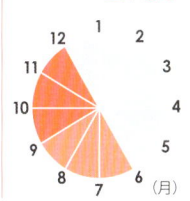

黄莺

Goldenrod, Woundwort

黄莺也被称为"秋之麒麟草"和"泡立草"。以前与它很相似的"Solidaster"也经常在市场上流通，但最近几乎见不到踪影。

茎的上部有很多细小的分枝，分枝上开着黄色的小花。将分枝剪下可方便使用，它的优点是与任何花材都易搭配。作为花束和插花等的充填空间的配材来使用很方便。

叶子容易萎蔫，要提前进行摘除整理后再插花。

> 给人以活力的黄色小花是插花的名配角！剪下分枝来使用。

小黄花给人以和风的印象

在吸水处理前要整理摘除掉易萎蔫的叶片。

Data

植物分类：
菊科
一枝黄花属

原产地：
北美洲

日本名：
大泡立草

花期：7—10月

市场流通规格：
50cm～1m

花朵尺寸：小

价格范围：
150～300日元

花语：
小心、警戒、预防、回头看我

上市时间

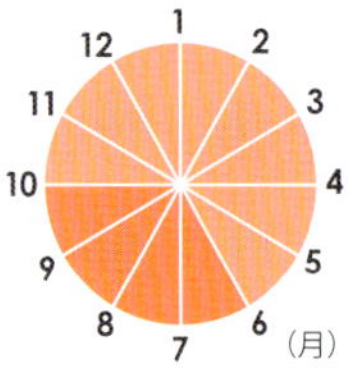

便笺贴

水养时间：5~7天
切口的处理方式：水中剪切
注意要点：若被风吹到，注意容易丧失水分。
搭配花材推荐：
　向日葵（P132）
　百合（P160）

插花实例

将花瓶放入用自然素材编织而成的篮筐的一并在瓶中插入黄莺。

大丽花

Dahlia

虽然是以前就有的花，但近年来一跃作为切花的人气飙升。红黑色的优雅的花色品种"黑蝶"成为点燃大丽花热潮之火的角色。那虽像西式但又像东洋似的、既怀旧又具有现代风的样子是大丽花受欢迎的秘密。一个接一个的新品种的登场，从宽幅的舌状花瓣重叠在一起开放的类型到球状的圆球型、小球型、单瓣品种等，花色和开花方式也多种多样。大朵的大丽花具有绝对的存在感。

最像大丽花的开花方式是宽幅的舌状花瓣多层重叠在一起开放的类型。

具有个性的红黑色花儿成为点燃热潮之火的角色。一个接一个的新品种登场！

便笺贴
水养时间：5~7天
切口的处理方式：水中剪切、浸烫法
注意要点：花瓣和叶片易受到损伤，茎也容易被折断，因此要小心照看。
搭配花材推荐：
菊花（P52）
鸡冠花（P67）

由于是华丽而有存在感的花，所以即使是用一朵花也能单独来装饰。可将它插在玻璃的茶具中。

因为茎中空而易被折断，使用时要注意。

"黑蝶"（品种名）

Data

植物分类：
菊科大丽花属
原产地：
墨西哥、危地马拉
日本名：
天竺牡丹
花期：5—11月
市场流通规格：
30 cm ~1.2m
花朵尺寸：
中・大
价格范围：
200~500日元

花语
华丽、优雅、见异思迁、威严

上市时间

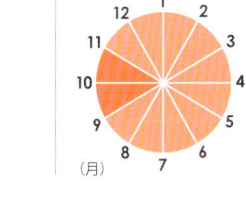
（月）

下一页继续品种目录

大丽花品种目录

花瓣的先端朝内侧卷曲呈球状开放的"La La La"。

宽幅的舌状花瓣充分重叠形成有华丽感的"热唱"。

红黑色的优雅色彩的花具有个性而且茎较粗的"黑色的稻妻"。

花瓣的先端被扭曲开放的"Vlistlastlike"。

郁金香

Tulip

即使是对花名生疏的男性和孩子，要是被问起在脑海中最先想到的是什么花时，也许就是郁金香了。它每年都会不断的有新品种登场，从冬天寒冷的时期开始郁金香就会让花店的店面热闹起来。

郁金香有单瓣、重瓣、百合花型、鹦鹉群、花边型等品种，花型富有变化且花色丰富。不论怎样的插花都适合使用，但根据光和温度不同，花瓣会反复地一开一合，让人完全改变其印象。另外，若只用同一种的郁金香或是将其不同种类混合后，再插在玻璃花器中也很漂亮。

即使在装饰期间，茎也会不断伸长。

根据光和温度的不同，花瓣会一开一合，花的朝向也会发生变化。

在圣诞节前后，装点在花店的店面。是春天球根花卉的代表。

随着花瓣地张开，可以看见位于中心部位的黑色雄蕊。

叶片好像将茎包裹在内生长着。

便笺贴

水养时间：5天左右
切口的处理方式：水中剪切
注意要点：不喜暖气，因此要将其装饰在凉爽的场所。
搭配花材推荐：
香豌豆（P81）
小苍兰（P141）

Data

植物分类：
百合科
郁金香属
原产地：
小亚细亚、
北美洲
日本名：
鬱金香
花期：3—4月
市场流通规格：
20~50 cm
花朵尺寸：中・大
价格范围：
200~500 日元

花语

博爱、名声、恋爱告白、失恋、单相思、无望的爱、体贴

上市时间

下一页继续品种目录

郁金香品种目录

花一完全开放则仿佛芍药似的充满魄力的重瓣品种。品种名"Monte Orange"。

花瓣的表面有光泽。
品种名"Pink Diamond"。

花瓣的边缘呈锯齿状。花边型品种名"Bell Song"。

从白色到淡粉色、黄绿色的渐变的美丽品种。品种名"Angelique"（天使的翅膀）。

这也是橙色的百合花型，也有让人喜欢的香味，是人气品种。品种名"Ballerina"。

先端渐尖的花瓣一张开就像百合似的。百合花型品种名"Fly Away"。

粉色和白色组合而成的美丽的百合花型。品种名"Ballade"。

粉中隐约带有黄绿色的渐变。
品种名"Christmas Dream"。

重瓣的白色郁金香也可用于新娘捧花。品种名"Mondial"。

虽然花朵不大，但接近黑色的深紫色花色很有个性。品种名"Queen of Night"（夜皇后）。

从橙色到黄色的渐变是这个品种的特征。品种名"Blushing Lady"。

丰满的椭圆型的单瓣品种。紫色中稍带粉色的渐变。品种名"Alibi"。

深粉色，百合花型的花让人想到可爱的女性。品种名"Pretty Woman"。

有深度的，美丽的红色花瓣一张开，就会看见黑色的花蕊。品种名"Ben van Zanten"。

插花实例

将剪短的黄色和白色单瓣品种的郁金香与香豌豆一起搭配，插入四边形的花器中。

重瓣的花边型，开花时给人以华丽的印象。品种名"Chat"。

郁金香品种目录

花瓣像鹦鹉的羽毛似的，为鹦鹉群单瓣品种。品种名"Flaming Parrot"。

深粉中隐约带有黄绿色。品种名"Christmas Exotic"。

尽管花瓣的外侧为白色、内侧为粉色，但花瓣一张开后原有的印象就会相当发生改变。品种名"Up Pink"。

橙色的单瓣品种，散发着甜甜的香味。品种名"Orange Monarch"。

橙色花瓣的一部分与茎和叶的颜色相同，具有个性。品种名"Blumex"。

花朵较小，花色为白色、粉色、绿色的复杂渐变。品种名"Camaval de Rio"。

在与花色相同的花器中，插入花瓣有深裂痕的红色郁金香。改变每一朵花的朝向，使其具有动感。

明亮的橙色与蓝色的花组合搭配的话……品种名"Orange Queen"。

说不出的微妙的色调美。品种名"Cream Upstar"。

巧克力秋英

Chocolate cosmos

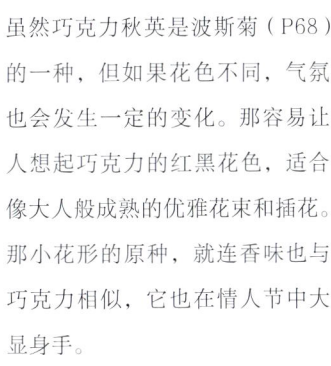

花形与普通的波斯菊一样。只是花色不同，气氛就大不相同。

花色也是香味也是，简直像巧克力一样！情人节中大显身手。

虽然巧克力秋英是波斯菊（P68）的一种，但如果花色不同，气氛也会发生一定的变化。那容易让人想起巧克力的红黑花色，适合像大人般成熟的优雅花束和插花。那小花形的原种，就连香味也与巧克力相似，它也在情人节中大显身手。

利用细长茎的线条和优雅的花色，可在插花时插出柔弱纤细和轻快的印象。另外，最近也在对偏红色的品种和接近黑色的品种等进行品种改良。

利用让人感到轻快的细长的茎的线条。

硬花苞也有不开花的情况。

便笺贴

水养时间：5~7天
切口的处理方式：水中剪切、浸烫法
注意要点：硬的花苞多数不开花，因此要整理摘除后再插花。
搭配花材推荐：
白玉草（P60）
蔓生百部（P237）

插花实例

将三个同样形状的花器排成一列，分别交差插入1~2朵巧克力秋英。

Data

植物分类：
菊科秋英属
原产地：
墨西哥
日本名：
巧克力秋樱
花期：5—11月
市场流通规格：
40~60 cm
花朵尺寸：中
价格范围：
300~400 日元

花语

恋爱的回忆

上市时间

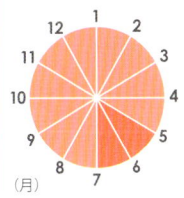

（月）

紫娇花

Sweet garlic, Pink agapanthus

虽然百合科的球根植物紫娇花有很多品种，但作为花材经常在市场上流通的是叫"Tulbaghia fragrans（香紫娇花）"的品种。花如其名，散发着甜甜的、高雅的香味，若是将其放入花束中或是在插花时使用并赠送与人，也一定会让人高兴。

在细长茎的先端，长着10~30朵星型的小花，那花姿如同线香烟花似的。作为插花和花束的配角使用，可增添作品细腻的感觉和气氛。

线香烟花似的花很可爱，因其具有甜甜的芳香，赠送与人会让人感到高兴。

便笺贴

水养时间：5~7天
切口的处理方式：水中剪切
注意要点：勤快摘除花后的残花，可使花苞开放。
搭配花材推荐：
花毛茛（P164）
麦冬（P235）

花瓣呈星型开放，许多筒状花长在茎的先端。

用手捋一下茎可使其易弯曲。

Data

植物分类：
百合科
紫娇花属

原产地：
南非

日本名：
瑠璃二文字

花期：3—4月

市场流通规格：
40~60 cm

花朵尺寸：小

价格范围：
150~300 日元

花语
沉着的魅力、小小的背信弃义、余香

上市时间

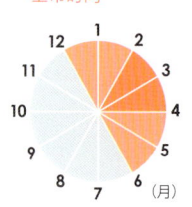

从侧面看，筒状花呈放射状生长。

在花的先端，有六片花瓣呈星星型开放。

翠雀

Delphinium

在粗长的茎上，重瓣品种的花一朵挨着一朵生长着的Giant·Pacific系列，那丰满的程度适合使用于华丽的插花。在细茎上生长着单瓣品种的花的Belladonna系列，那雅致的气氛不论用于怎样的插花都适合。另外也有呈多枝状开花的类型。

不管是哪个类型，有透明感鲜艳蓝色系列的丰富的花色是翠雀的优点。粉色系列、紫色系列等的优雅的花色也是如此。将一朵朵的花剪切后，放在水盘中使其浮于水面也会让人感到十分清凉。

有透明感的蓝色系列，花色很有魅力。

只将花剪下使用也很漂亮。

经过一段时间后，花瓣会变得透明。

摘除掉不会开花的花苞。

叶片经过摘除整理后再插花为好。

"Volkerfrieden"（Belladonna系列）

便笺贴

水养时间：5~7天
切口的处理方式：水中剪切
注意要点：摘除花后的残花，可保持花期长久。
搭配花材推荐：
翠珠花（P143）
蔓生百部（P237）

压花

插花实例

与翠雀一起搭配的切叶，推荐像蔓生百部那样的明亮的绿色切叶。

Data

植物分类：
毛茛科
翠雀属
原产地：
欧洲、
亚洲、
北美洲、
非洲
日本名：
大飞燕草
花期：6—8月
市场流通规格：
50cm~1m
花朵尺寸：中
价格范围：
300~800日元

花语
清亮、高贵、慈悲、傲慢、轻浮、见异思迁

上市时间

下一页继续品种目录

翠雀品种目录

Giant·Pacific 系列，在长茎上长着有豪华感的重瓣的花。

多枝型的品种"Pearl Blue"。其有透明感的淡蓝色花瓣很美。

多枝型的品种"Sugar Pink"。花和茎也给人以柔弱纤细的印象。将分枝剪下后再使用。

蝴蝶石斛

Denphalae

在可数的兰花中价格较适中、花朵不算太大、使用容易等优点，使蝴蝶石斛具有魅力。其吸水力强，花朵不易凋谢。即使在家庭中，摘除花后的残花也能长时间地供人欣赏。它与有南国风的切叶一起组合搭配，可插出伊斯兰和印度文化感觉的插花来。蝴蝶石斛的白色品种也在婚礼用花上大显身手。此外，礼仪插花的场合中也给人一种正式的印象。

流通量位居第一的兰花，吸水力强，花朵不易凋谢，是结婚场合的重要用花。

花从下往上按顺序依次开放。若花后摘除残花，连茎的先端的花苞也容易开花。

"Pink White"（品种名）

"Sonia"（品种名）

插花实例

将花一朵朵剪下，与木贼和革叶蕨一起搭配插入黑色花器中，让人感到一种伊斯兰和印度文化的气氛。

便笺贴

水养时间：7~10天
切口的处理方式：水中剪切
注意要点：摘除花后的残花，连花苞也容易开花。
搭配花材推荐：
马蹄莲（P49）
木贼（P229）

Data

植物分类：
兰科
石斛属
原产地：
帝汶岛
日本名：——
花期：8—9月
市场流通规格：
40~70cm
花朵尺寸：中
价格范围
150~500日元

花语
合适、能干、不屈服于诱惑、任性美人

上市时间

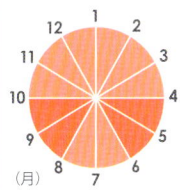

（月）

穗花婆婆纳

Speed well

在花茎的先端生长着让人感觉像是老虎尾巴似的10~20cm的花穗。在夏天的原野，那花穗好像在风中摇动着的自然气氛的草花。若与同系统的草花相搭配插在篮筐中，能给人一种切取了原野一角似的印象。穗花婆婆纳也可以插出和风的感觉。即使是放入花束中，若注意突出其动感，花束就会很漂亮。到了秋天，花期结束后，叶子会变成美丽的红叶，也可在茶室的插花中使用。

蓝色和白色的花穗让人感到清凉。可用于自然清爽如夏日般的插花。

花穗呈平缓的弯曲，小花从下往上按顺序依次开放。

椭圆型的叶片的边缘有裂痕。

Data

植物分类：
玄参科
婆婆纳属

原产地：
东亚

日本名：
瑠璃虎尾

花期：6—8月

市场流通规格：
40cm~1m

花朵尺寸：小
（作为花穗来说是大）

价格范围：
200~300日元

花语：
达成、信赖、诚实、把我的心奉献给你

上市时间

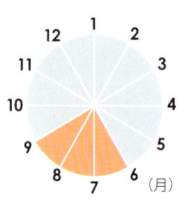

便笺贴

水养时间：5天左右
切口的处理方式：
水中剪切、浸烫法
注意要点：若发现水分丧失，要勤剪茎的基部并使其吸水。
搭配花材推荐：
硬叶蓝刺头（P171）
地榆（P174）

洋桔梗

Prairie gentian

在日本，随着品种不断改良，很多种类全年都在市场上流通。洋桔梗的花色丰富，翩翩的可爱花瓣、月季型和花边型等的华丽品种也很有魅力。而且，它的吸水力强、花瓣不易凋谢，如果价格也适中的话，就会更受欢迎。

几乎所有的洋桔梗都是以多枝型在市场上流通，将分枝剪切后使用可插出作品的饱满感。一些花茎在采收途中之所以会被剪掉，是因为要事先摘掉看上去不会开花的花苞。

随着花开，花蕊也能看见。

花苞也可爱。带有花色的花苞几乎都会开放。

如果挑选的洋桔梗最外侧的花瓣没有皱纹，它的新鲜度就会很高。

插花时的救援花材！多样的花色和种类独具魅力，花苞也经常绽放。

便笺贴

水养时间：5 天左右
切口的处理方式：水中剪切
注意要点：叶的基部容易折断，要小心照看。
搭配花材推荐：
月季（P120）
圆叶柴胡（P139）

插花实例

将不同花色的洋桔梗紧紧地扎在一起，插入放在筐中的小花器中。

像冰淇淋那样的带卷的花苞。

事先旁枝被剪掉的也很多。

"Eclair"（品种名）

Data

植物分类：
龙胆科
洋桔梗属
原产地：
北美洲
日本名：
Tuekey 桔梗
花期：6—8 月
市场流通规格：
20~90cm
花朵尺寸：中
价格范围：
150~800 日元

花语
优美、希望、愉快的谈话、清新的美

上市时间

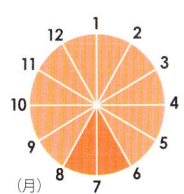

下一页继续品种目录

洋桔梗品种目录

长有很多重花瓣的白色花。品种名"雪牡丹"。

优雅的薰衣草色并像月季那样的绽放。品种名"Silk Lavender"。

花瓣上有细裂痕的重瓣品种。品种名"Mousse Green"。

明亮的米色。品种名"Voyage Yellow"。

杏黄色花瓣花有人气。品种名"Mousse Apricot"。

华丽的花是插花的主角。品种名"Mousse tiara Pink"。

近年来大受欢迎的洋桔梗的品种"Claris Pink"。

像豪华的康乃馨似的开花方式。品种名"Mousse Mango"。

洋桔梗品种目录

花苞一开花,花色就会变深。品种名"Carmen Rouge"。

白色和紫色的复色花很美。品种名"Mahoroba blue Flash"。

白色和薰衣草色的复色花。品种名"Mahoroba Lavender"。

插花实例

绿色的洋桔梗与翠菊、香豌等白色的花相搭配的插花。

像花瓣的内侧和外侧的颜色不同。品名"Amber Double Marron"。

花一开放就从绿色变为白色。品种名"Piccolosa Green"。

花瓣的内侧为优雅的葡萄酒色。品种名"Double Wine"。

豪华的重瓣品种。品种名"Mousse Blue"。

欧洲油菜
Field mustard

这是黄花和绿叶对比相衬的美丽的春花。在花店等地方要是看见了这个花，即使外面还是寒冷也能感到春天临近的脚步。

在3月3日的女儿节，总是习惯将它与粉色的花桃一起装饰搭配。那鲜艳的花色好像春天的组合。

茎粗叶密生的类型被作为切花在市场上流通。为了更好的利用花儿，在插花前要稍微对叶子进行整理。

最早告知春天来临的花儿。女儿节里，通常与花桃一起装饰搭配。

挑选那些长着花苞的欧洲油菜，可使花期长久。

叶子的绿色为深色的话，就是新鲜的欧洲油菜。

Data
植物分类：
十字花科
芸薹属
原产地：
东亚、
欧洲
日本名：
菜花、
花菜
花期：2—4月
市场流通规格：
30cm~1.2m
花朵尺寸：小
价格范围：
150~300日元

花语
活跃、快活、
富饶、财产

上市时间

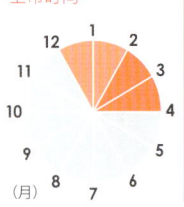

便笺贴
水养时间：5天左右
切口的处理方式：水中剪切
注意要点：花总是朝向太阳的方向，经过一段时间后，茎也会伸长，因此要适当地进行些调整。
搭配花材推荐：
小苍兰（P141）
花桃（P197）

插花实例

在有泥土质感的花器中插入欧洲油菜，那花姿就像是自然地从地面生长出来似的。

石竹

Pink

石竹的英文名叫"Pink"。这个叫粉色的色名，是从石竹的花的颜色而得来的。确实，像开单瓣的康乃馨似的可爱的小花印象深刻。但是石竹的花色也丰富，有红色和黄色、紫色等。一种没有花瓣只有花萼的叫"石竹球"的品种也在市场上流通，它作为切叶花材也大显身手。

花的正面朝上开放的石竹的品种很多，在插花时要尽可能地看见并露出花的脸庞，以此来强调花的可爱。

色名叫『Pink』，是因为这个花吗？插花时要注意让大家看见花儿的可爱脸庞！

"石竹球"（品种名）

若花后勤摘除残花，可使花苞一个接一个地开放。

从粉色到夹带些白色的渐变的花瓣。

要注意茎节容易咔嚓一下被折断。

"Sonnet Yes"（品种名）

便笺贴

水养时间：5天左右
切口的处理方式：水中剪切
注意要点：茎节容易折断，要小心照看。
搭配花材推荐：
康乃馨（P41）
寒丁子（P136）

Data

植物分类：
石竹科
石竹属
原产地：
欧洲、亚洲、非洲
日本名：
抚子
花期：5—7月
市场流通规格：
20~80cm
花朵尺寸：中
价格范围：
150~300日元

花语
贞洁、纯洁的爱、才能、怀念

上市时间

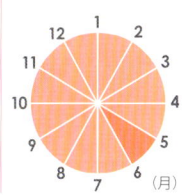

娜丽花

Nerine,Diamond lily

在细而结实的花茎先端上开着 8~10 朵花。那翻卷的花瓣上有金属的光泽在闪闪发光的种类别名叫"Diamond Lily（钻石百合）"。细小花瓣的小花型的品种和与彼岸花相似的红色品种等也在市场上流通。

娜丽花的吸水力强、花瓣不易凋谢，不费功夫也可以长时间欣赏，使其具有魅力。若是摘除掉像薄纸一样的茶色花萼后再插花，花看上去就会更漂亮。娜丽花与任何花搭配都合适，即使只用娜丽花来装饰也很漂亮。

在细花茎的先端生长着许多花瓣呈翻卷状的花。

花瓣容易折断，使用时小心。

翻卷的花瓣很可爱。若摘除掉茶色的花萼，花看上去就会更漂亮。

花瓣和雄蕊为柔软纤细的类型。

Data

植物分类：
石蒜科
石蒜属

原产地：
南非

日本名：
姬彼岸花

花期： 9—11 月

市场流通规格：
20~50cm

花朵尺寸： 中

价格范围：
300~400 日元

花语
期待再见面的那一天、幸福的回忆、可爱、光辉、千金小姐、忍耐

上市时间

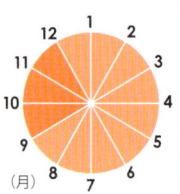

插花实例

高低不同的插入两支娜丽花，再将红掌的叶子和新西兰麻插在花器口的一侧。

便笺贴

水养时间： 5~7 天
切口的处理方式： 水中剪切
注意要点： 花瓣容易折断，要小心照看。
搭配花材推荐：
日本蓝盆花（P83）
红掌的叶（P30）

黑种草

Fennel flower, Love-in-a-mist

看上去像花瓣的，实际上是花萼。它被有裂痕的线状苞片所包围，是具有独特气氛的花儿。黑种草那细小分裂的呈羽毛状的叶子给人以柔和的印象，整体营造一个楚楚的虚幻的风情。

吸水力强和花朵不易凋谢的优点，使其在插花时容易使用。将它单独地呈蓬松状地插入玻璃的花器中，也给人一种清爽的感觉。花后还可欣赏呈球状的膨胀的蒴果。

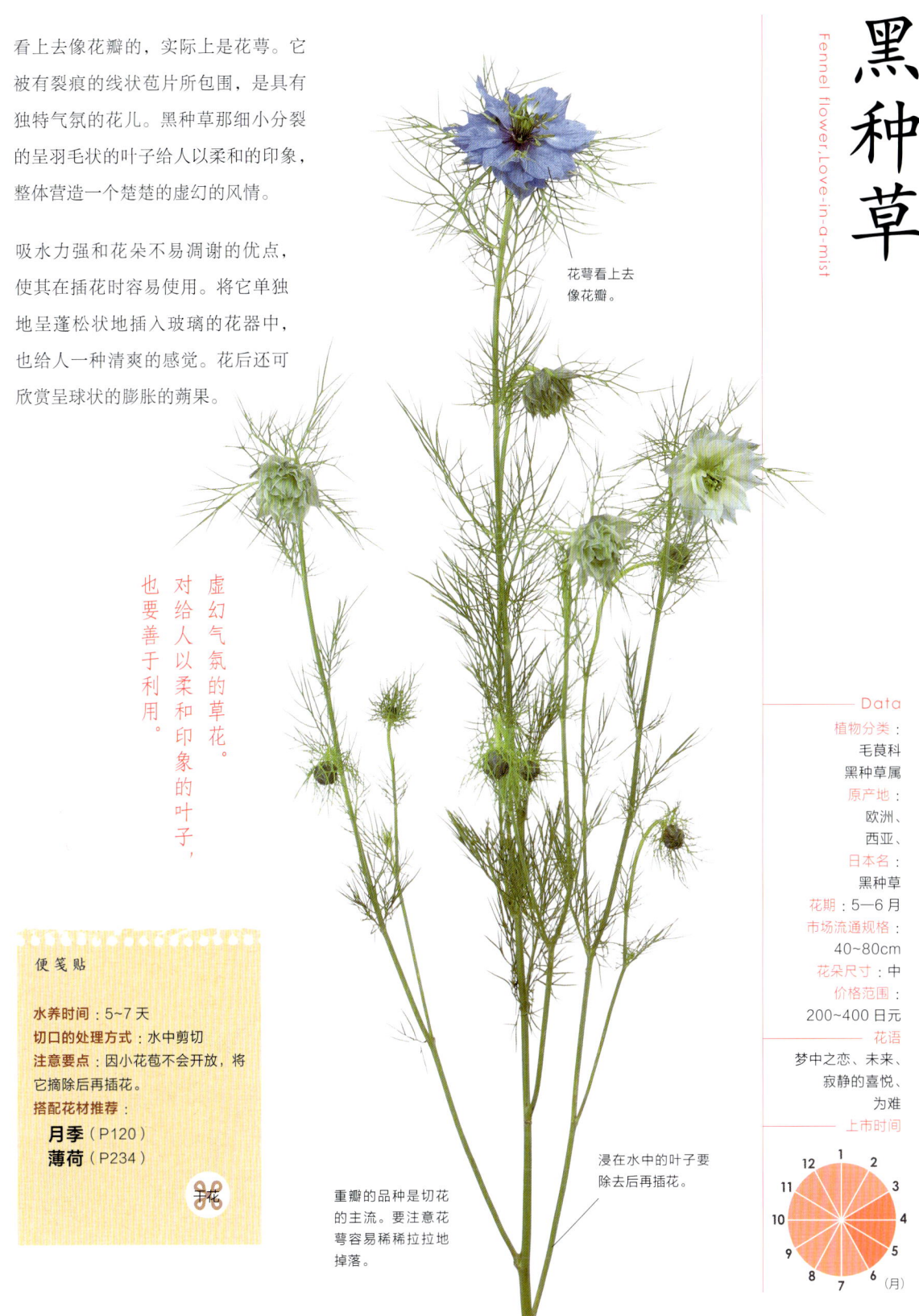

花萼看上去像花瓣。

虚幻气氛的草花。对给人以柔和印象的叶子，也要善于利用。

浸在水中的叶子要除去后再插花。

重瓣的品种是切花的主流。要注意花萼容易稀稀拉拉地掉落。

便笺贴

水养时间：5~7 天
切口的处理方式：水中剪切
注意要点：因小花苞不会开放，将它摘除后再插花。
搭配花材推荐：
月季（P120）
薄荷（P234）

Data

植物分类：
毛茛科
黑种草属
原产地：
欧洲、
西亚、
日本名：
黑种草
花期：5—6月
市场流通规格：
40~80cm
花朵尺寸：中
价格范围：
200~400日元

花语
梦中之恋、未来、寂静的喜悦、为难

上市时间

浙贝母

Fritillary

花瓣的内侧是深紫色的网纹、外侧是淡绿色的花儿，微微低头开放。它的特征是茎细且叶的先端呈胡须状卷曲。虽然给人以楚楚高雅的印象的花姿作为茶室用花被大家所喜爱，但是也适合西式风格的插花。为了利用谨慎的花色，作为配角的花材可用白色和其它强烈的颜色。还可用于自然气氛的插花。篮筐和土质感的花器等较合适。

利用低头开放的花儿的楚楚动人的姿态，可插出自然风格的作品。

叶的先端翻卷并且容易缠绕。

花瓣的内侧有深紫色的网纹。

Data

植物分类：
百合科
贝母属

原产地：
中国

日本名：
贝母百合、
编笠百合

花期：4—5月

市场流通规格：
30~80cm

花朵尺寸：中

价格范围：
300~400日元

花语：
威严、谦虚的心、
凛然的身姿

上市时间

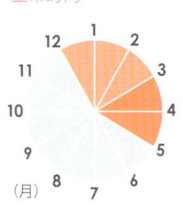

便笺贴

水养时间：1周左右
切口的处理方式：水中剪切
注意要点：没有特别要注意的。
搭配花材推荐：
宫灯百合（P70）
百合（P160）

绒毛饰球花

Berzelia

以圣诞节为中心上市的，像圆形果实似的花儿。可长期保存也是魅力所在。

临近圣诞，花店的店面就开始摆放绒毛饰球花。许多像是生长在枝条先端的圆形果实，实际上是花。若花碰到水就会变黑，使用时要注意哦。在靠近花的位置长有细小的叶子，将它摘除后再将花插在较低的位置，就可以突出圆形的花和它的花色。有各种各样不同花色和大小的种类在市场上流通，根据用途不同分开使用吧。

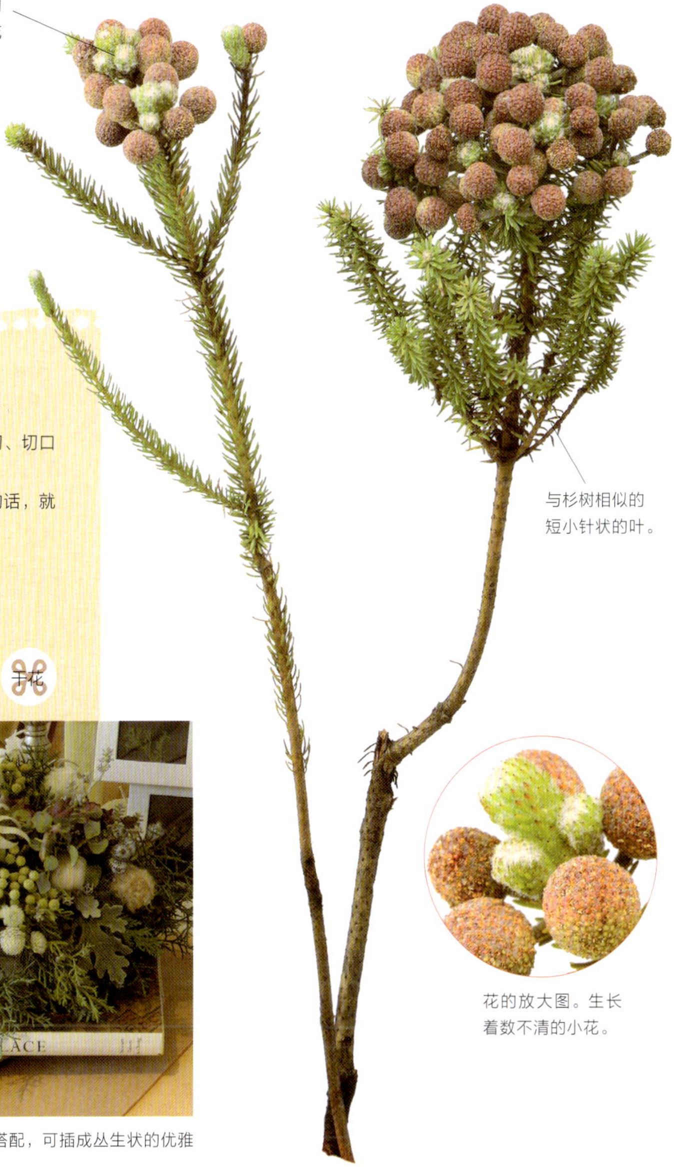

直径 5mm~2cm 的球状的花。花蕾的时候为绿色，开花后花色会发生变化。

与杉树相似的短小针状的叶。

便笺贴

水养时间：10~14 天
切口的处理方式：水中剪切、切口基部十字剪切法
注意要点：小心花碰到水的话，就会变黑。
搭配花材推荐：
　法绒花（P138）
　凤尾柏（P181）

插花实例

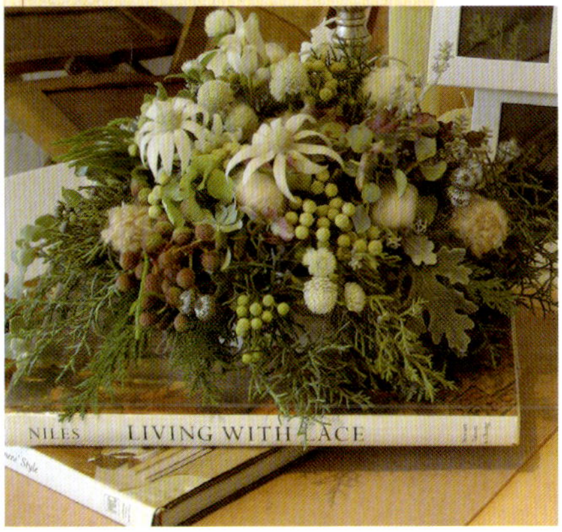

与罗汉柏和法绒花等一起组合搭配，可插成丛生状的优雅的作品。

花的放大图。生长着数不清的小花。

Data

植物分类：绒球树科 饰球花属
原产地：南非
日本名：——
花期：周年
市场流通规格：50~60cm
花朵尺寸：小
价格范围：150~300 日元

花语
热情、小小的勇气

上市时间

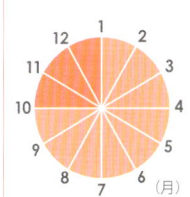
（月）

羽衣甘蓝

Flowering cabbage

虽然"羽衣甘蓝"在花少的冬天作为花坛的装点很有人气，但近年也作为切花在市场上流通。羽衣甘蓝中心的粉色和白色部分是卷心菜的叶，又因其看上去简直就像大朵花似的，由此而得名。

和园艺品种相比，它的特征是茎长、容易插花。与松树、草珊瑚等一起组合，在正月的插花中也受到欢迎。

叶子看上去像花瓣。

用在正月的插花很有人气！在花少的冬季，作为救助的花材大显身手。

与园艺品种相比，茎长且易插花。

便笺贴

水养时间：2周左右
切口的处理方式：水中剪切
注意要点：
插花时注意不要让茎露出。
搭配花材推荐：
松树（P192）
菝葜（P202）
草珊瑚（P207）

插花实例

Data

植物分类：
十字花科
十字花属
原产地：
欧洲
日本名：
叶牡丹、
花Cabbage
花期：1—3月
市场流通规格：
20~80cm
花朵尺寸：大
价格范围：
300~400日元
花语
祝福、利益
上市时间

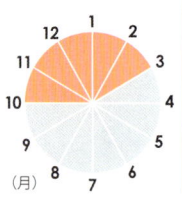
(月)

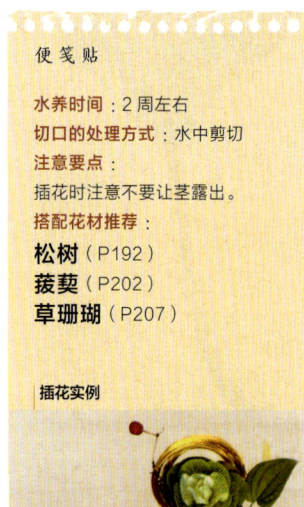

将其与少量的菝葜的红果和蔓生百部一起组合搭配，再加上金银的水引，就可在正月中作为装饰使用。

兜兰

Cypripedium, Lady's-slipper

近年来人气急剧上升的极具个性的兰花。即使是一朵花也有很大的存在感！

"兜兰"这个名字，来源于希腊语"女神的仙履"之意。确实如此，花中央的袋状的部分与拖鞋相似。在英语里也称为"Lady's slippers"的兰花。照片上的白地绿色条纹是一个美丽的叫"Wardii"的品种。除此之外也有红紫色、白色、复色等的品种在市场上流通，不论哪个品种都是花亭短而花较大为其特征。另外，花不易凋谢，也适合日式风格的插花。

白地绿色条纹很美。

像拖鞋的形状似的唇瓣。

花较大而茎很短。

从侧面看花。

"Wardii"（彩云兜兰）

便笺贴

水养时间：10~14 天
切口的处理方式：水中剪切
注意要点：插花时控制花材的数量，可使其引人注目。
搭配花材推荐：
　虎眼万年青（P39）
　大花蕙兰（P78）

插花实例

将同为兰花的朋友——美丽的绿色大花蕙兰和南国风的切叶一起搭配，给人以时尚感。

Data

植物分类：
　兰科
　兜兰属
原产地：
　中国、东南亚
日本名：
　常盤兰
花期：12—6月
市场流通规格：
　30cm
花朵尺寸：大
价格范围：
　700~1500 日元
花语
　深谋远虑、
　责任心强的人、
　容易改变的爱情、
　变化无常、
　显眼的个性

上市时间

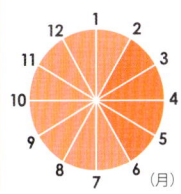

月季 Rose

不说也知道的『花中女王』。使其充分吸水，就可长时间地欣赏美丽的花儿。

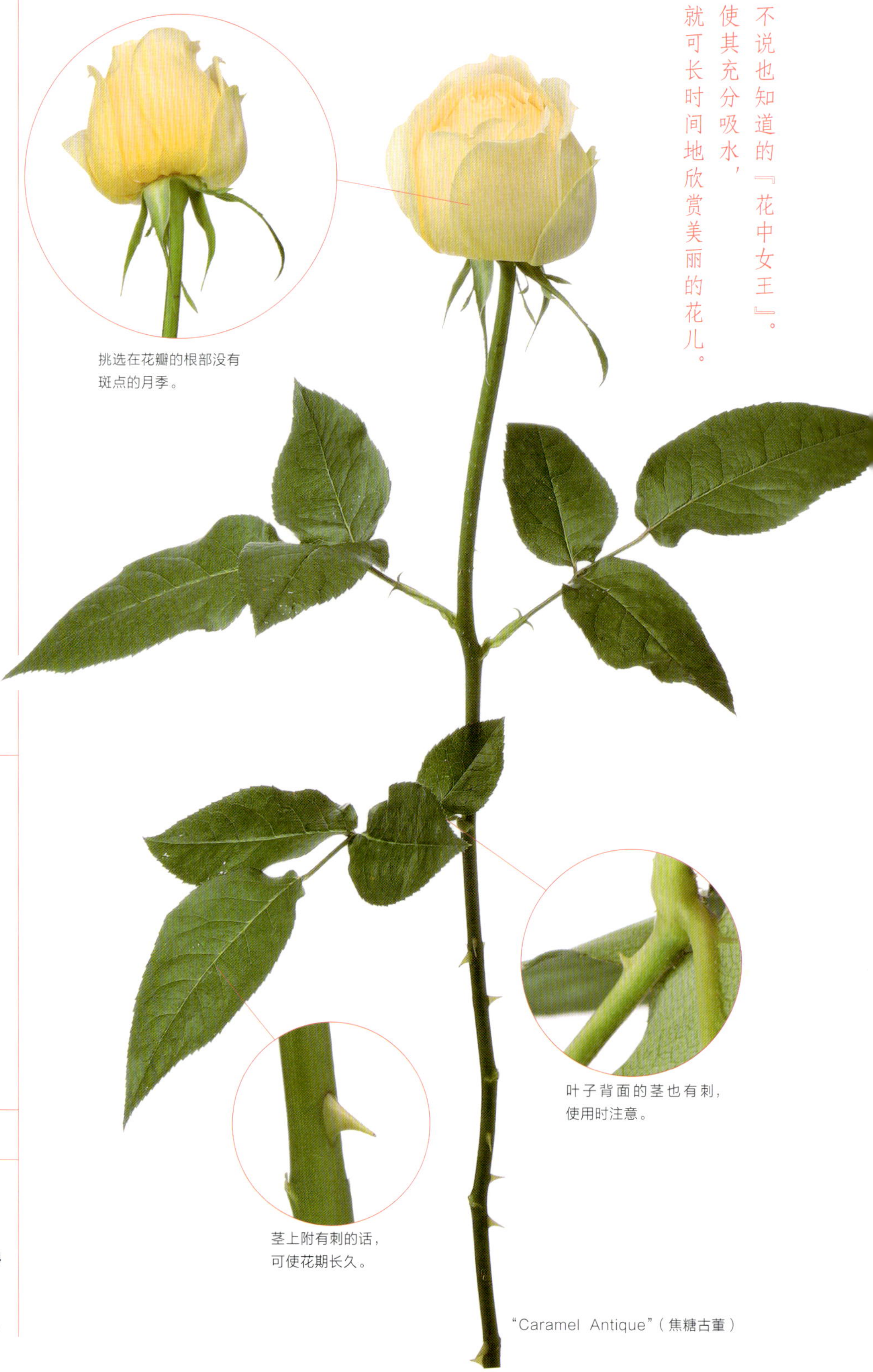

挑选在花瓣的根部没有斑点的月季。

叶子背面的茎也有刺，使用时注意。

茎上附有刺的话，可使花期长久。

"Caramel Antique"（焦糖古董）

Data

植物分类：
蔷薇科
蔷薇属

原产地：
欧洲、亚洲

日本名：
蔷薇

花期：5—11月

市场流通规格：
30cm~1m

花朵尺寸：
小·中·大

价格范围：
300~800 日元

花语：
热情、热恋

上市时间

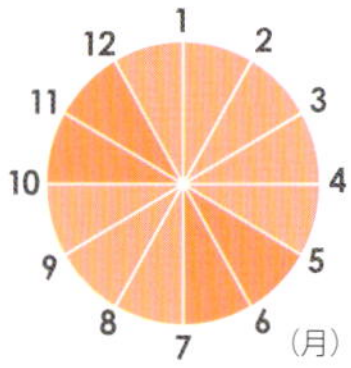

说它是世界上最受喜爱的花儿一点也不为过。据说从拿破仑的时代就已经开始对它进行品种改良，由此逐渐诞生出一个又一个的新品种。据说现在仅仅在市场上流通的品种就超过了3万种。所有的花色都很齐全、花朵尺寸也从大到小各式各样。最近，圆胖的老月季杯状的花型和中心的花瓣紧凑结实的莲座状的花型等古典的类型很受欢迎。

根据吸水力不同，花期保持时间也大不相同。对于吸水不充分的情况，要采用浸烫法和烧灼法来促使其吸水。注意，茎若过长水分也易丧失。在装饰期间若水分丧失，要下决心把茎剪短后再使其吸水。

层层重叠的花瓣里面是花蕊。

到叶尖为止都很硬挺的水灵灵的绿色的叶子很新鲜。

插花实例

便笺贴

水养时间：5~7天
切口的处理方式：水中剪切、浸烫法、灼烧法
注意要点：注意不要让刺伤到手。
搭配花材推荐：
　马蹄莲（P49）
　百合（P160）
　几乎所有的切叶

在浅浅的环状的花器中放入长条的切叶作为固定花材之用，再插入月季、马蹄莲、常春藤等。

月季品种目录

大朵花的白色月季"Avalanche"（雪山）。随着花的开放，花瓣向外侧卷曲。

绿白色的人气品种"Tineke"。（坦尼克）一开花，花的中心就会变高成为大朵花。

老月季杯状的花型的白色月季"Bourgogne"。在新娘捧花中也有人气。

外侧为淡绿色、内侧为粉色的渐变的"Old Dutch"（荷兰老人）。

外侧的花瓣为绿中带有米色的"Desert"（甜点、沙漠玫瑰）。

"Haute Couture"（高级时装）的花瓣的褶边和绿白色很有魅力。

花刚开时为深米色，随着花的盛开花色会变淡的"Caffè latte"。

米色系的优雅的花色和像波浪形的开花方式是人气品种"Julia"（茉莉娅）。

从橙色到粉色的复色，花形也很可爱的"Baby Romantica"（浪漫宝贝）。

像女性一样明亮的粉色的月季"My Girl"。（我的女孩）优点是刺较少。

婚礼的常规用花品种。粉色的"Titanic"。带有像玫瑰一样的芳香也受到欢迎。

明亮的粉色的渐变是此品种的优点。有人气的大朵月季"Sweet Avalanche"（甜蜜雪山）。

像花毛茛一样几层重叠在一起的圆形的花瓣品种"Lemon Ranuncula"。

大朵月季的"Peach Avalanche"（蜜桃雪山）。淡淡的橙色花很美。

"Jeanne d'Arc"的花型为有优雅的气氛的老月季杯状。它有像香皂似的香味。

要挑选花瓣的边缘没有受伤的月季。

有人气的杏橙色的豪华的褶边型品种"La Campanella"。

鲜艳的黄色是"Gold Strike"（金香玉）的优点。完全开放的花姿也很美。

月季品种目录

在古希腊·罗马时代就已开始受到喜爱的紫色的月季"Dramatic Rain"（戏剧性的雨）。

"Hallowee"的特征是花色为粉色的深浅的渐变。也是有人气的婚礼用花。

中朵花的新品种月季"Lavender Garden"。其有深度的花色是其他品种不太有的。

"Yves Piaget"（伊芙伯爵）所具有的老月季杯状的花型、芳香、深粉色等，抓住了喜欢月季的人的心。

大朵紫色的月季"Cool Water"（冷美人）。花开后不易凋谢，可长时间欣赏。

"Taj Mahal"（泰姬陵人）的花瓣的粉色是越往内侧越变淡。

插花实例

在四边形的盘子里放置好花泥，将月季、非洲菊、郁金香等以组群的形式插入。

花瓣有光泽是这个品种的优点。这是大朵的红色月季"Samurai'08"。

四周的花瓣大,中心的花瓣紧实地开放的"Red Ranuncula"(红毛茛、情人节派对)。

说起红色的月季,就是这种受欢迎的"Rot Rrosa"。

插花实例

将白色和淡粉色的月季组合搭配插入玻璃花器中。除掉暗色的叶片,插入带有花斑的切叶,给人以轻快的感觉。

深红的花瓣像有天鹅绒般的质感似的。花一开放,就给人以豪华感的"Wanted"(想)。

红黑色的"Black Baccara"(黑巴克),是有人气的个性的月季。

月季品种目录

可爱的粉色的多枝型月季"Rollers"。适合与野草风的花相搭配。

带有圆形感觉的花型,为深红色的多枝型月季。在婚礼中也经常使用。

接近白色的淡粉色的多枝型月季,品种名"SansToiM'amie"。中朵花型,与其他花材容易搭配。

复色的多枝型月季"Beauty Preserve"。花色为红白色,可用于祝贺等场合。

随着花开,茶色的花苞就变成粉色。这是迷你的多枝型月季"Teddy Bear"(玩具熊)。

一支茎的分枝上长着几个中朵花的"Antique Lace"(古董蕾丝)。

偏灰色的淡紫色的多枝型月季"Little Silver"（银雨）。花开后能长久保持不凋谢。

深粉色中带有明显的绿色的多枝型月季"Radish"。

自然的绿色花瓣和胖乎乎的可爱花形，很有人气的"Eclair"（闪电、小饼干）。

插花实例

即使是相同的月季气氛也不相同。这是白色大朵的"Avalanche"和小花型的"Eclair"一起并排放置在一起。

长着许多绿中带白的花的多枝型的"Green Ice"（绿冰）。

大花三色堇 Pansy

在寒冷的冬天就开始明亮地装点花坛的大花三色堇。将其五颜六色的花混合在一起成束，作为切花在市场上流通也受到欢迎。

那可爱的褶边和罗曼蒂克的色彩，还有春天般的香味也具有魅力。先用英文报纸和蜡纸等将它包起来，再用拉菲草等将其扎成迷你花束，即使是随意地当作礼物送人，看起来也十分招人喜欢。

最近随着品种改良的进行，带有光泽的黑色花以及茎长30厘米以上的多枝型品种等也在市场上流通。

常常将稍微有些不同的花色混合成束在市场上流通。

多数是茎细且短的大花三色堇，它们也适合做成花环式插花。

可爱的褶边和罗曼蒂克的色彩极具魅力！将花色混合扎成迷你花束。

Data

植物分类：
堇菜科
堇菜属

原产地：
欧洲、
西亚

日本名：
三色堇

花期：11—4月

市场流通规格：
15~20cm

花朵尺寸：中

价格范围：
不同花色合为一束
300~400日元

花语
纯洁的爱情、
坚定的灵魂、
深谋远虑、
忧虑、诚实

上市时间

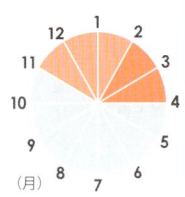

插花实例

将一支带叶的大花三色堇直立地插入小玻璃花器中，可欣赏它整体的花姿。

便笺贴

水养时间：3~6天
切口的处理方式：水中剪切
注意要点：茎既软又易折断，要小心照看。
搭配花材推荐：
花葱（P27）
玛格丽特花（P150）

Bulbinella

Cat's tail

茎的先端长着像蜡烛似的穗状的花。3mm 左右的星型小花从下往上按顺序一点点地依次开放，等到花开到先端时，最早开放的下面的花就会枯萎，这时就要勤摘掉它。鲜艳的橙色和黄色的花，会给看见它的人一种精神的力量。

茎适度弯曲后的表情很丰富。利用茎的线条来插花的话，就会很漂亮。日本传统式的插花也使用它。

英文名叫「猫的尾巴」。星型的小花，由下往上按顺序依次开放。

有五片小花瓣的花从下往上按顺序依次开放。

利用适度弯曲的茎的线条来插花。

便笺贴

水养时间：1 周左右
切口的处理方式：水中剪切
注意要点：花后摘掉残花，可使花期保持长久。
搭配花材推荐：
郁金香（P97）
小苍兰（P141）

Data

植物分类：
百合科
鳞茎属
原产地：
南非
日本名：——
花期：11—3 月
市场流通规格：
50cm~1m
花朵尺寸：中
价格范围：
200~400 日元

花语
休息

上市时间

（月）

129

蒲苇

Pampas grass

银白色的花穗像芒草似的，但花穗也从30cm到1m不同。若在大型插花中使用蒲苇，可插出带有野趣的充满活力的动感。蒲苇与秋天的花材组合搭配，可插出让人感到山野气息的作品。另外，它还可以成为干花。

蒲苇是雌雄异株的植物，有雄株和雌株之分，而作为花材使用的是雌株。花穗在开花前为银白色，到了完全盛开后光泽就会减弱，所以要使用开花前的蒲苇。

花穗在完全开花后光泽就会减弱。

对干燥环境适应力强，花期可保持长久。

银白色的花穗适合大型插花。但一旦开花，花穗的光泽就会变淡。

Data

植物分类：
禾本科
蒲苇属

原产地：
南美洲

日本名：
银葭

花期：7—9月

市场流通规格：
1~2m

花朵尺寸：
大（花穗）

价格范围：
300~500日元

花语
光辉

上市时间

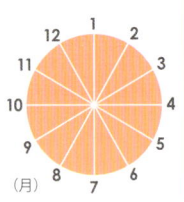

（月）

便笺贴

水养时间：2周左右
切口的处理方式：水中剪切
注意要点：完全开花后光泽就会减弱，因此要使用开花前的蒲苇。

搭配花材推荐：
朱顶红（P24）
五指果（P212）

开花

万代兰

Vanda

"Vanda（万代兰）"这个名字，是从梵语"Vandaka"而得来的。它的意思是"附生"。在东南亚等地，它缠绕附生在高大的树木上，由此而得名。

万代兰有各种各样的品种，作为切花的紫色的网纹类型经常在市场上流通。罕见的青紫色的兰花很有人气。用带有热带风情的切叶作衬托，可欣赏到简约而带有个性的插花作品。

有一定厚度的大花毗连开放。

特征是紫色的网纹。

对于兰花的罕见的花色和网纹很有人气！可用于南国风的插花。

便笺贴

- 水养时间：10~15天
- 切口的处理方式：水中剪切
- 注意要点：花后摘除残花，可使花期保持长久。
- 搭配花材推荐：
  绣球（P16）
  钢草（P224）

插花实例

沿着玻璃花器的内壁放入钢草，再将一朵万代兰放入，使其浮在水面上。

花瓣细长且花朵稍小的类型。

Data

植物分类：
兰科
万代兰属
原产地：
亚洲热带地区、澳大利亚
日本名：
翡翠兰
花期：6—7月
市场流通规格：
15cm~1m
花朵尺寸：
中·大
价格范围：
300~500日元

花语

优雅、高雅的美

上市时间

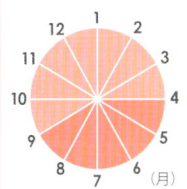

向日葵

Sunflower

正如英文名"Sunflower"那样，这是让人想起太阳而大受欢迎的有冲击力的花。随着品种的不断改良，花朵的大小各种各样，花色也从原来的黄色，增加到了柠檬黄、米色、橙色以及接近茶色的优雅颜色等花色品种在市场上流通。还有开花的方式也从单瓣到重瓣等许多的品种。

虽然这是给人以夏天的强烈印象的花，但是作为切花却是一整年都在市场上流通，很是方便。认真考虑如何利用给人以强烈的冲击感的花来进行插花吧。

若挑选中央的部分为还未太开放的向日葵的话，花期可保持长久。

茎上密生粗硬毛。

叶片容易变得衰弱，因此没有精神的萎蔫的叶片要尽早摘除。

花色和开花方式都变化丰富。虽给人以夏天的强烈印象，但作为切花一整年都在市场上流通。

Data

植物分类：
菊科
向日葵属

原产地：
北美洲

日本名：
向日葵、
日轮草

花期：7—9月

市场流通规格：
20cm~1.5m

花朵尺寸：
中·大

价格范围：
150~300日元

花语
崇拜、敬仰、凝视着你

上市时间

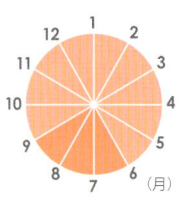

便笺贴

水养时间：5天左右
切口的处理方式：
水中剪切、浸烫法
注意要点：勤换水和勤剪茎基后再吸水处理，可使花期保持长久。
搭配花材推荐：
黄莺（P94）
洋桔梗（P107）

插花实例

用两种向日葵（SunrichOrange·PradoRed）制作而成的花束。

"SunrichOrange"（品种名）

向日葵品种目录

花全体都被橙色的花瓣所覆盖，种子的部分几乎没有的"东北八重"。

细小的花瓣到中心都很紧实，而种子较少的"Lemon Aura"。

花瓣为明亮的柠檬色的"Sunrich Orange"。

多枝型的"姬向日葵"也很健壮，在炎热的夏天是宝贝。

优雅的茶色系的向日葵"Prado Red"，与秋色的花材搭配很适合。

近年来受欢迎的"绘画系列"的一种品种"Gogh"。其优点是花瓣。

针垫子花 Pincushion

英文"pincushion"就是"针垫"的意思。针垫子花的花姿就像是有许多针插在针垫上似的，花名便由此得来。那看上去像花瓣一样的突出的雄蕊，简直像针一样细而且有光泽。

花很大，剪短插花时注意要能看见花的正面。本来就是热带植物的针垫子花，与南国风的切叶和带有东方印象的花材组合搭配好像也很合适。

有7~8cm长的突起的雄蕊看上去像花瓣一样。

看上去像花瓣一样的是雄蕊。为了能看见花的正面，将其剪短后再插花。

Data

植物分类：
山龙眼科
针垫子花属

原产地：
南非

日本名：——

花期：5—7月

市场流通规格：
40~60cm

花朵尺寸：大

价格范围：
300~400日元

花语
无论什么地方都会成功

上市时间

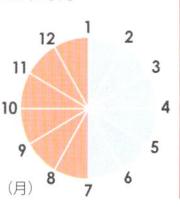

便笺贴

水养时间：7~10天
切口的处理方式：水中剪切
注意要点：因容易干燥，避免放置在空调旁等地方。
搭配花材推荐：
　红掌（P30）
　非洲菊（P45）

插花实例

针垫子花与同色系的红掌的搭配组合，给人一种既有南国风情又很雅致的感觉。

风信子

Hyacinth

一闻到风信子的甜甜的清爽的香味，就会有很多人想起儿时水培的球根吧。在十八世纪的荷兰，在郁金香之后掀起狂热的热潮的风信子，近年来作为切花也受到欢迎。风信子在还是寒冷的冬天时就在花店里摆放，让人感到春天来临的气息。以球根的状态在市场上流通的风信子，可以直接浸在水中或是埋在装有土壤的花盆里，可以供人长时间欣赏。

另外，花色的变化也有所增加，重瓣的品种也培育出来了。

甜甜的清爽的香味很有魅力，附带着球根的切花在市场上流通的也很多。

铃铛状的小花从下按顺序依次绽放。

茎容易黏滑，要勤换水。

附带着球根上市的也很多。

便笺贴

水养时间：7~10 天
切口的处理方式：水中剪切
注意要点：因茎容易黏滑，要勤换水。
搭配花材推荐：
香豌豆（P81）
花毛茛（P164）

插花实例

在水培用的花器中放入水后，再将球根风信子的根浸于水中，根会不断伸长，花也可以长时间欣赏。

可爱的粉色也受到欢迎。

米色给人以优雅的印象。

Data

植物分类：
百合科
风信子属
原产地：
地中海沿岸、
北非
日本名：
锦百合
花期：3—4 月
市场流通规格：
20~45cm
花朵尺寸：
小
价格范围：
200~500 日元

花语
游艺、胜负、
谨慎的爱、娴雅

上市时间

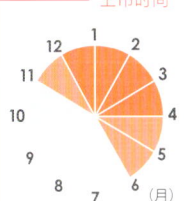

寒丁子

Bouvardia

那直径约 1cm 的四瓣小花既清秀又可爱，很招人喜爱，花儿还隐隐约约地散发着甜甜的香气。

寒丁子除了一般的白色花外，最近也有红色和紫色等深色以及淡粉色的重瓣品种在市场上流通。那鼓起的四角形的花苞很可爱，虽适合作为自然花束等的花材，但又有水分容易丧失的缺点。在水中剪切后还要将其放在深水中浸泡，剪短使用可促使其吸水。

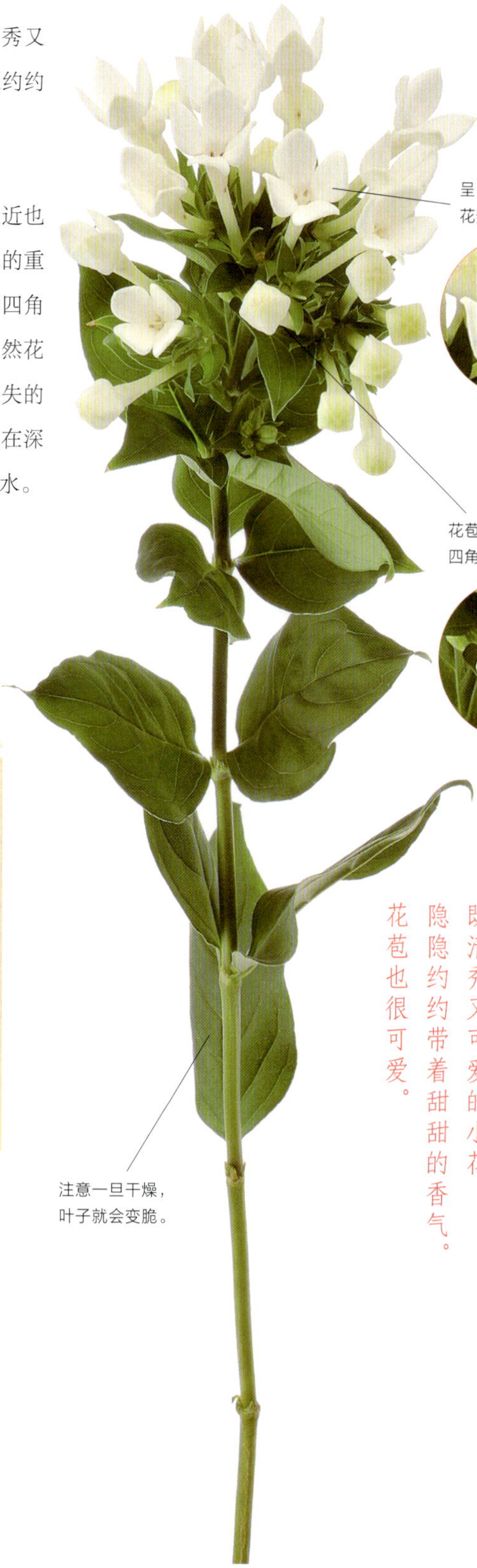

呈筒状的有四个花瓣的小花。
花苞一鼓起来就成四角形。
注意一旦干燥，叶子就会变脆。

既清秀又可爱的小花，隐隐约约带着甜甜的香气。花苞也很可爱。

便笺贴

水养时间：5~7 天
切口的处理方式：
水中剪切、深水法
注意要点：在夏天水养时用水易变质，要勤换水。另外，其水分容易丧失，在水中剪切后要放入深水中浸泡。
搭配花材推荐：
月季（P120）
天蓝尖瓣木（P140）

Data

植物分类：
茜草科
寒丁子属
原产地：
中美洲、
南美洲
日本名：
寒丁字
花期：5—6 月
市场流通规格：
50~80cm
花朵尺寸：小
价格范围：
200~400 日元
花语
诚实的爱、羡慕、清秀、交往、梦
上市时间

1
2
3
4
5
6
7
8
9
10
11
12
（月）

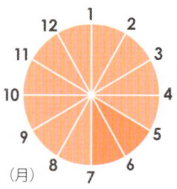

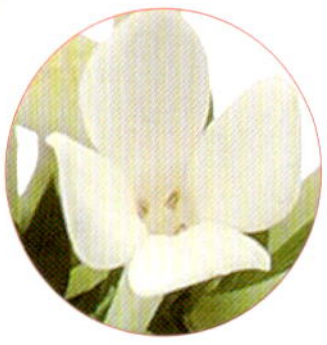

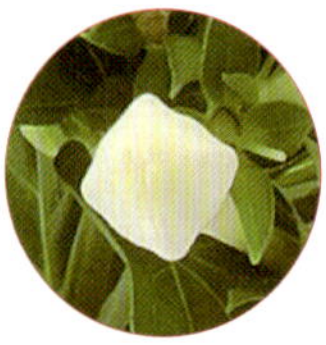

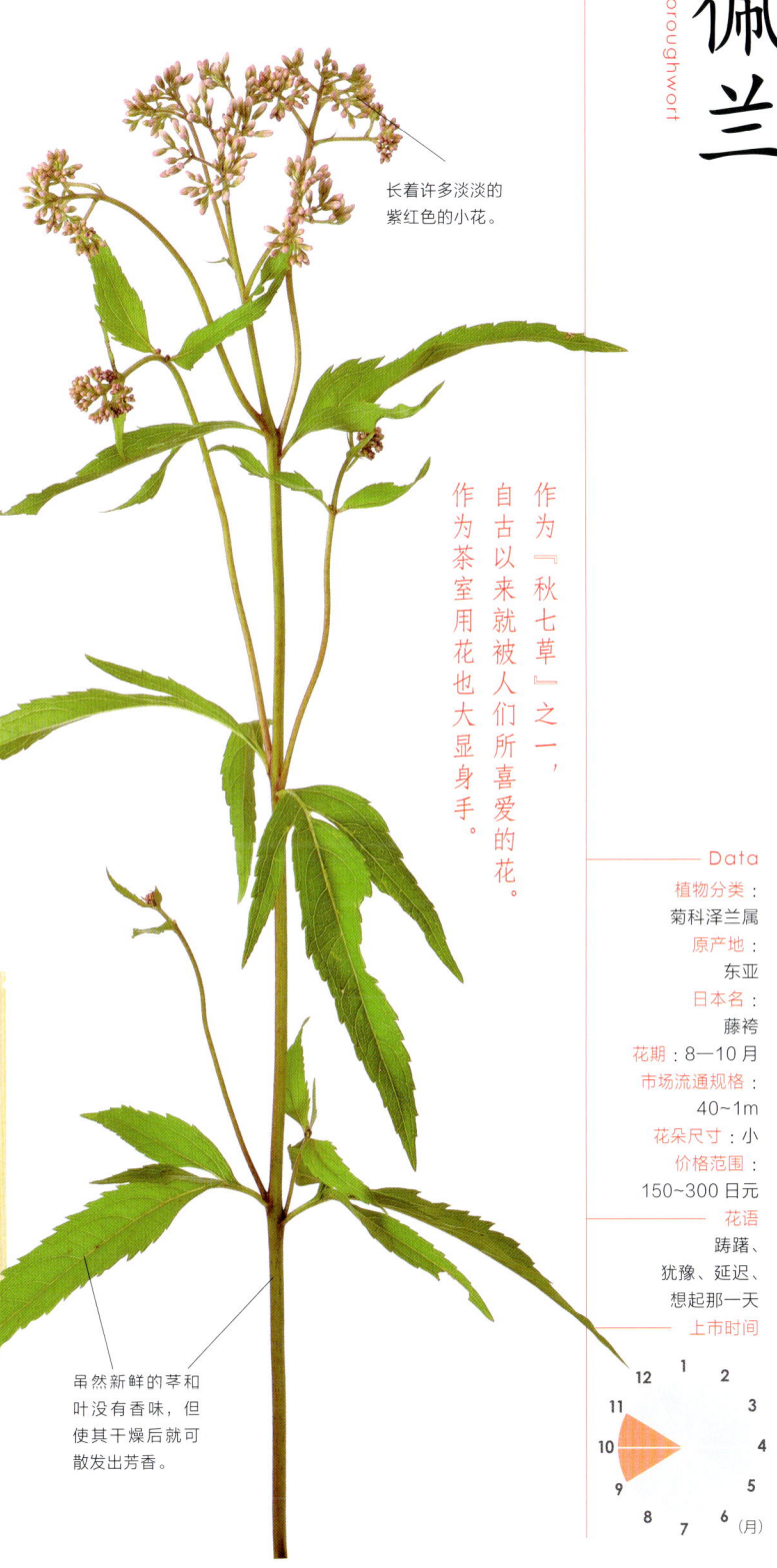

佩兰

Thoroughwort

作为可数的"秋七草"之一的佩兰，过去经常在河边和堤坝看见它开花，最近明显的找不到它的踪迹了。

而在花店作为"佩兰"出售的花，好像多数是为了作为切花使用而被改良过的。

佩兰那总觉得可怜的孤寂的花姿，在万叶的时代就已经抓住了日本人的心。因为其干燥的叶子可散发出芳香，在中国从古时就把它作为香草来使用，据说既可在浴池中放入佩兰的叶子，也可佩戴在衣服上或是插在头发上。

除了作为茶室用花为大家所感到亲近外，在中秋赏月时也推荐与芒草等花材组合搭配来插花。

长着许多淡淡的紫红色的小花。

作为『秋七草』之一，自古以来就被人们所喜爱的花。作为茶室用花也大显身手。

虽然新鲜的茎和叶没有香味，但使其干燥后就可散发出芳香。

便笺贴

水养时间：5~7天
切口的处理方式：水中剪切
注意要点：水分容易丧失，要勤剪茎基并进行吸水处理。
搭配花材推荐：
　桔梗（P50）
　打破碗花花（P74）

Data

植物分类：
菊科泽兰属
原产地：
东亚
日本名：
藤袴
花期：8—10月
市场流通规格：
40~1m
花朵尺寸：小
价格范围：
150~300日元

花语
踌躇、犹豫、延迟、想起那一天

上市时间

12 1
11 2
10 3
9 4
8 5
7 6（月）

137

法绒花

Flannel flower

花全体密被白色的胎毛，像带有法兰绒的布似的质感，花名便由此得来。

那看上去像翻卷的花瓣的部分是苞片，因摸上去有柔和的触感而颇具魅力。那温暖的手感，很适合寒冷季节的插花和花束。在婚礼场景上也经常使用。

以前法绒花几乎都是从澳大利亚进口，因为最近受欢迎的缘故，大花的日本国产品种也在市场上流通了。

看上去像花瓣似的苞片，具有像法兰绒的布似的质感。

茎和叶密被白色的胎毛，那弯曲的茎给人以优雅的印象。

像法兰绒似的，柔和的质感很有魅力。一跃而成为明星花材。

便笺贴

水养时间：1周左右
切口的处理方式：浸烫法
注意要点：水分容易丧失，要勤剪茎基后再进行吸水处理。
搭配花材推荐：
　天蓝尖瓣木（P140）
　棉毛水苏（P237）

插花实例

将法绒花插在带有试验管风格的花器中。在其旁边并列放置另一个插入了茵芋的花器。

Data

植物分类：
伞形科
法绒花属
原产地：
澳大利亚
日本名：——
花期：5—6月
市场流通规格：
30~40cm
花朵尺寸：中
价格范围：
300~500日元
花语
高洁
上市时间

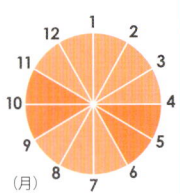

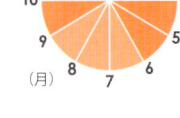

（月）

虽然在分枝的茎的先端上长着星型的花，但真正的花是在其中心的极小的黄色部分，而将这包围起来的绿色的部分是苞片。那圆形的叶片好像被细而柔韧的茎贯穿一样十分有趣，全体的明亮绿色色调相调和，给人一种优雅的印象。

圆叶柴胡与任何花材都容易搭配，在插花和制作花束时加入此花材，可使作品变得饱满，很是便利。另外作为切叶花材来使用也是不错的。

圆叶柴胡
Hare's ear

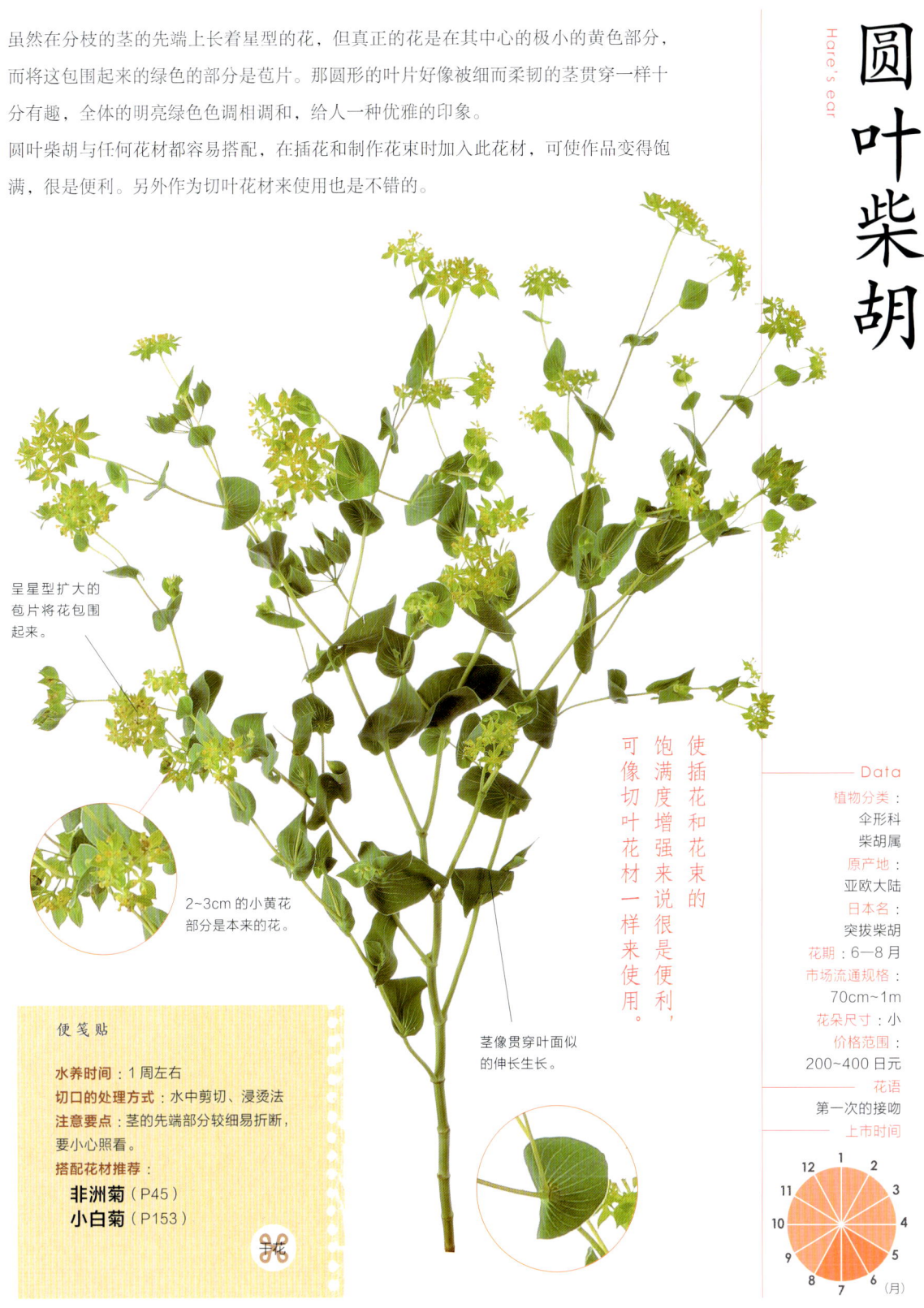

呈星型扩大的苞片将花包围起来。

2~3cm 的小黄花部分是本来的花。

茎像贯穿叶面似的伸长生长。

使插花和花束的饱满度增强来说很是便利，可像切叶花材一样来使用。

便笺贴

水养时间：1周左右
切口的处理方式：水中剪切、浸烫法
注意要点：茎的先端部分较细易折断，要小心照看。
搭配花材推荐：
非洲菊（P45）
小白菊（P153）

Data

植物分类：
伞形科
柴胡属
原产地：
亚欧大陆
日本名：
突拔柴胡
花期：6—8月
市场流通规格：
70cm~1m
花朵尺寸：小
价格范围：
200~400 日元

花语
第一次的接吻

上市时间

139

天蓝尖瓣木

Tweedia

有透明感的水色是这种花本身所具有的花色。那开粉色花的品种叫"Pink Star",白色花的品种叫"White Star"。这些品种都在市场上流通。天蓝尖瓣木那带有柔和质感的花和叶给人一种优雅的印象,它成为给人以自然氛围感觉的插花和花束的一个突出点。

因从切口处会流出白色的黏液,注意剪切后要立即将黏液冲洗干净。天蓝尖瓣木的缺点是吸水力较弱。另外,叶片容易萎蔫,插花时要注意稍微间隔。

> 有透明感的水色是花本身具有的花色。
> 注意切口处会流出白色的黏液。

便笺贴

水养时间:5~7 天
切口的处理方式:水中剪切、浸烫法、灼烧法
注意要点:要冲洗干净从切口处流出的白色的黏液后再插花。另外叶与叶之间要间隔摘掉一些之后再用来插花。
搭配花材推荐:
垂筒花(P57)
阳光百合(P166)

Data

植物分类:萝藦科 尖瓣藤属
原产地:中·南美洲
日本名:瑠璃唐绵
花期:5—10 月
市场流通规格:30~50cm
花朵尺寸:小
价格范围:200~300 日元
花语:互相信任的心、幸福的爱、望乡
上市时间

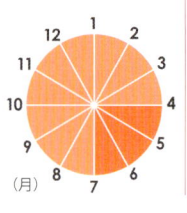
(月)

插花实例

天蓝尖瓣木和白色的品种一起搭配矮插在广口的花器中。水色与白色的组合搭配让人感到清爽。

蓝色的花一褪色就会变为粉色。

从切口处流出的白色的黏液要立即冲洗干净后再插花。

小苍兰
Freesia

在舒展的花茎的先端上，可爱的花儿呈弓形生长。品种改良后，花更大了。花朝着先端的方向按顺序依次开放，凋谢了的残花要勤摘除掉。这样的话，长到小尖端的花苞都能开花。要注意利用花的线条美来插花。

说起小苍兰，它的优点是带有甜甜的清爽的香味，但根据品种的不同，也有几乎没有香味的小苍兰。有强烈香味的多数是黄色的品种。

花朝着先端按顺序依次开放。

长在枝条上的小花苞也可以用于插花。

利用花的线条美来插花，那独特的香味也很有魅力。

"Ambassador"（品种名）

"BlueHeaven"（品种名）

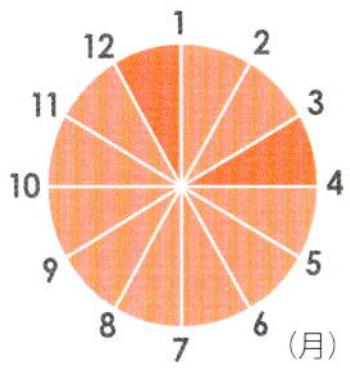

便笺贴

水养时间：5~7 天
切口的处理方式：水中剪切
注意要点：若摘除花后的残花，花苞也会开放。
搭配花材推荐：
香豌豆（P81）
花毛茛（P164）

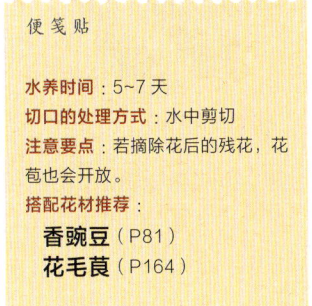

"Aladdin"（品种名）

Data
植物分类：
鸢尾科
香雪兰属
原产地：
南非
日本名：
浅葱水仙
花期：3—4 月
市场流通规格：
20~60cm
花朵尺寸：中
价格范围：
150~300 日元
花语
稚气、天真、
纯洁、亲爱、期待
上市时间

141

白球花

Brunia

白球花的茎上密密麻麻地生长着像杉树叶的针状的叶子，并在茎的先端长着圆球般的果实。它与"绒毛饰球花"（P117）很相似，而白球花的特征是茎较短，花较大。
白球花的花色几乎都为银色系列。冬天在市场上流通较多，在有成人味道的圣诞的插花和花环等经常使用。若配合花环制作来使用，直接就可以成为干花。

银色的色彩适合圣诞节的插花。

小花像圆形的果实一样聚集在一起开放。

> 优雅时尚的银色系列的色调，在圣诞节中大显身手。

茎上密集生长着针状的细叶。

Data
植物分类：
绒球树科
绒球树属
原产地：
南非
日本名：——
花期：全年
市场流通规格：
40~50cm
花朵尺寸：中
价格范围：
200~300日元
花语
不变
上市时间

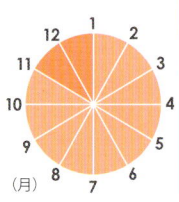
（月）

便笺贴

水养时间：1~2周
切口的处理方式：水中剪切
注意要点：花碰到水会变黑。
搭配花材推荐：
法绒花（P138）
日本冷杉（P194）

干花

翠珠花

Blue lace flower

在忸怩作态弯曲的细茎的先端上，聚集着呈伞状开放的淡蓝色系列的小花。而开白色花的"Laceflower"（P170 大阿米芹），虽然与翠珠花的名字相似，但却是其他的品种。"翠珠花"也有开白色花的品种，要注意区别。
因为翠珠花的花苞也很可爱，可将其分枝后使用。翠珠花也很适合与野外开花的有自然气氛的花相搭配，若在插花和花束中插入此花，可演绎出女性般的温柔气氛。

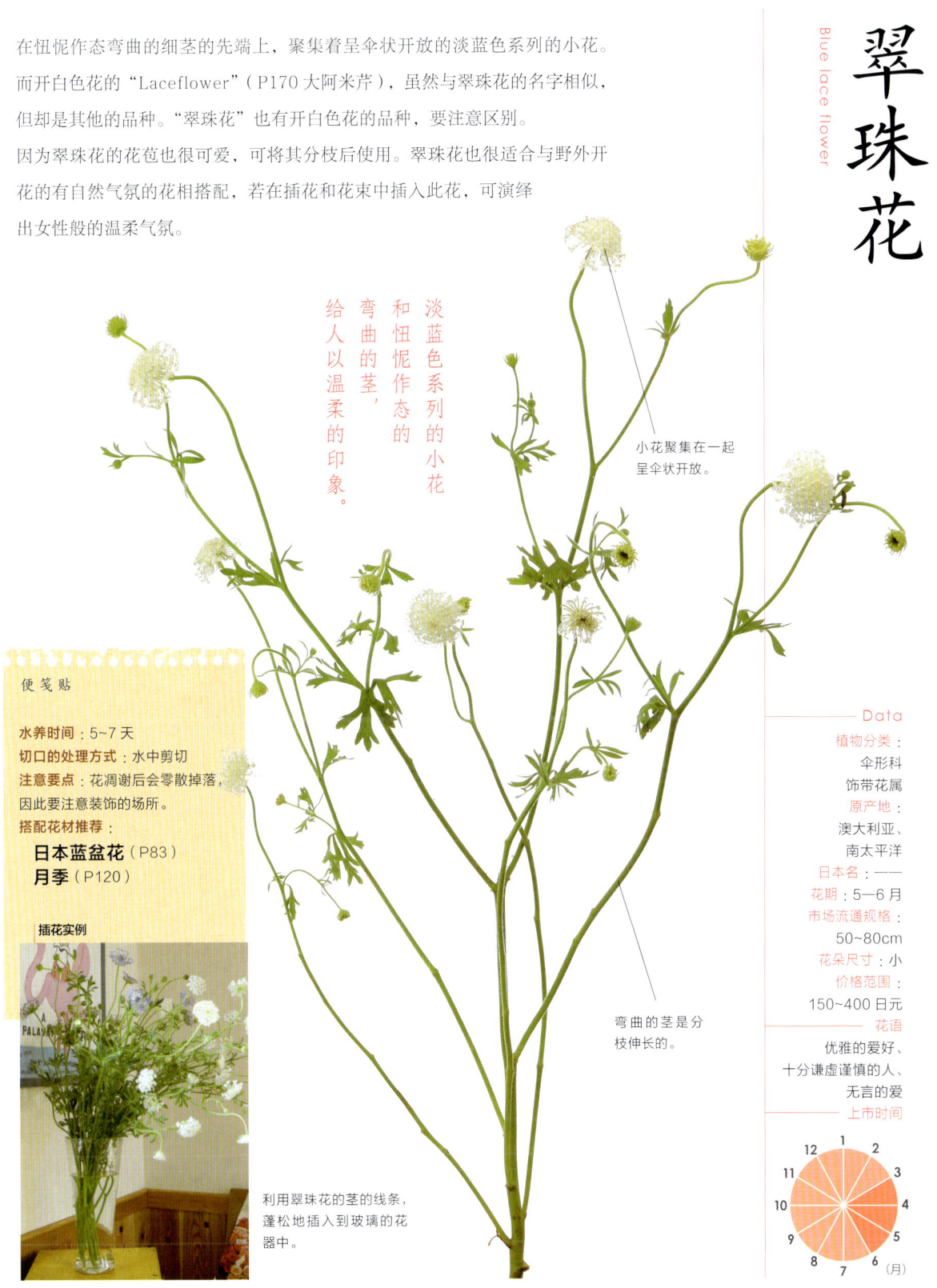

淡蓝色系列的小花和忸怩作态的弯曲的茎，给人以温柔的印象。

小花聚集在一起呈伞状开放。

弯曲的茎是分枝伸长的。

利用翠珠花的茎的线条，蓬松地插入到玻璃的花器中。

便笺贴

水养时间：5~7 天
切口的处理方式：水中剪切
注意要点：花凋谢后会零散掉落，因此要注意装饰的场所。
搭配花材推荐：
日本蓝盆花（P83）
月季（P120）

插花实例

Data

植物分类：
伞形科
饰带花属
原产地：
澳大利亚、
南太平洋
日本名：——
花期：5—6月
市场流通规格：
50~80cm
花朵尺寸：小
价格范围：
150~400 日元

花语
优雅的爱好、
十分谦虚谨慎的人、
无言的爱

上市时间

红花
Bastard saffron

像蓟似的黄色的球状花充满活力的绽放，在花少的夏天是个宝贝。
红花的日本名叫"末摘花"，花名来源于在源氏物语中登场的女性的名字。
自古以来就作为红色的原料来使用的红花被比喻成了红色的鼻子。
虽然黄色花渐渐褪色变成了红色花，但最近也出现了不会变色的品种。
在欣赏完插花等之后的红花也就变成了干花。

在花少的夏天是重要的给人以活力的花，也能直接成为干花。

花通常由黄色逐渐变成红色。

因叶的先端有刺，使用时要注意。

Data

植物分类：
菊科
红花属

原产地：
地中海沿岸、西亚

日本名：
红花、末摘花

花期：6—7月

市场流通规格：
80cm~1m

花朵尺寸：中

价格范围：
300~500日元

花语
包容力、狂热、热情、特别的人、打扮

上市时间

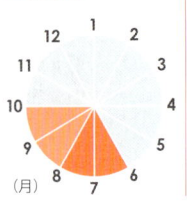
（月）

便笺贴

水养时间：3~5天
切口的处理方式：水中剪切
注意要点：因叶的先端有刺，使用时要注意。
搭配花材推荐：
向日葵（P132）
堆心菊（P149）

帝王花

Protea

看上去很硬的花瓣，其实是苞片。许多小花聚集包围着中央的部分来开放，整体看上去像一朵花。

原产地为南非的帝王花，又是南非的国花。照片的"King Protea"是大型的品种，给人以视觉的冲击感。最近，也有花的全体大小为4~5cm的小型品种登场了。这小型的品种在插花时容易使用。另外要注意帝王花的叶子很快会变黑，将其摘除后再插花为好。

苞片看上去像花瓣似的。有光泽的才是新鲜的帝王花。

叶子容易变黑，将其摘除后再插花的话可使花期保持长久。

在素烧盆中放入带叶的帝王花，若叶子变黑后摘掉叶子并插入其他的切叶。

异国情调的花，给人以巨大的冲击力！小型品种也出现了。

便笺贴

水养时间：1~2周
切口的处理方式：水中剪切
注意要点：因叶片会变黑，摘除叶片后使用，或等叶片变黑后摘除。
搭配花材推荐：
姜花（P79）
木百合（P167）

插花实例

Data

植物分类：
山龙眼科
山龙眼属
原产地：
中·南非
日本名：——
花期：10—12月
市场流通规格：
50cm~2m
花朵尺寸：大
价格范围：
2000~3000日元
花语
自由自在、
华丽的期待
上市时间

全缘铁线莲
Vase vine

铁线莲有单瓣和重瓣等各式各样的品种。其中名叫"全缘铁线莲"的呈吊钟状开放的可爱类型很受欢迎。

在希腊语中代表"蔓"意思的"Klema"是 Clematis（铁线莲）的语源。日本名的"铁线"也是因为那结实的蔓条被比喻成铁线而得来的。

铁线莲的种类中不论何种铁线莲的吸水力都较弱，就连全缘铁线莲也不例外。在插花前和水分呈丧失状态的时候，用报纸等包好进行浸烫法处理。处理过后的花和叶子也会变得水灵灵的，精神饱满了。

Data

植物分类：
毛茛科
铁线莲属
原产地：
欧洲、
中亚
日本名：
铃铁线、
钓钟铁线
花期： 5—10 月
市场流通规格：
1~3m
花朵尺寸： 中
价格范围：
300~1200 日元
花语
高洁、美丽的心、
你的心灵很美
上市时间

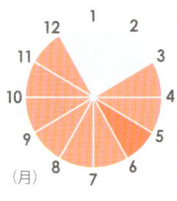
（月）

便笺贴

水养时间： 5~7 天
切口的处理方式： 浸烫法
注意要点： 水分容易丧失，因此要充分吸水。
搭配花材推荐：
雪山绣球（P18）
月季（P120）

低头开放的呈铃铛型的小花给人以可爱的印象。

开成吊钟状的可爱的花是铁线莲的一种。

因难于直立，可利用蔓条来插花。

红鸟蕉

Heliconia

花和叶都充满着热带的气氛。充分巧妙地利用其鲜艳的花色和尖锐的造型，想办法插出有个性的作品吧。它与同为有南国风的切叶一起搭配也很漂亮。

红鸟蕉那看上去像花的部分，其实是苞片。又因为苞片看上去像龙虾的爪子，所以也称其为"龙虾爪"。实际上十个左右的花在苞片中生长着。

充分巧妙地利用红鸟蕉给人的热带的印象插出个性的作品。

船形的苞片中长着小花。

花茎有直立的类型和下垂的类型。

便笺贴

水养时间：7~10天
切口的处理方式：水中剪切
注意要点：喜欢高温多湿的环境，避免放置在寒冷的场所。
搭配花材推荐：
　嘉兰（P64）
　大丽花（P95）

插花实例

在玻璃的花器中放入小苹果作为固定花材之用，再插入红鸟蕉的花和叶子。

Data

植物分类：
蝎尾蕉科
蝎尾蕉属
原产地：
南美洲热带地区、南太平洋群岛
日本名：
鹦鹉花
花期：6—10月
市场流通规格：
50cm~1m
花朵尺寸：小
价格范围：
300~500日元
花语
注目、脚灯、
与众不同的人、
不宽容

上市时间

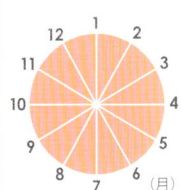

虾衣花

Shrimp bush

看上去像花瓣的部分实际上是苞片。苞片呈鳞片状重叠弯曲，与从虾的背到尾部的部分相似，因此日本名叫"小海老草"、英文名也叫"Shrimpbush"。那绿色的苞片，渐渐变成红色。

虾衣花不论是作为花材还是叶材，使用起来都非常方便，如果在插花时感到作品较为单薄以及想插出饱满感觉时都可使用，非常便利。分枝剪切后再使用它吧。

苞片重叠弯曲形成花穗。

作为花材也好，作为叶材也好，使用起来非常方便！

经过一段时间后，花和叶子都会变黑。

Data

植物分类：
爵床科
麒麟吐珠属

原产地：
墨西哥

日本名：
小海老草

花期： 6—7月

市场流通规格：
50cm~1m

花朵尺寸： 中

价格范围：
150~300日元

花语
顽皮女孩、
富有机智

上市时间

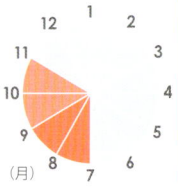

便笺贴

水养时间： 5天左右
切口的处理方式： 浸烫法、灼烧法
注意要点： 茎容易折断，要小心照看。
搭配花材推荐
柳叶鬼针草（P34）
菊花（P52）

堆心菊是给人以供花的印象和朴素的印象的花。插花的技巧是插花时不要将一枝花都插进去，而是将分枝剪切，将一朵一朵花分别衬托出来。另外也可用堆心菊对空瓶子和空罐子进行随意的装饰。即使花凋谢后仅剩下的中心部分也给人以可爱的印象。这个部分因为好像丸子似的圆圆的鼓起，因此日本名把它叫作"团子菊"。

堆心菊

Sneeze Weed

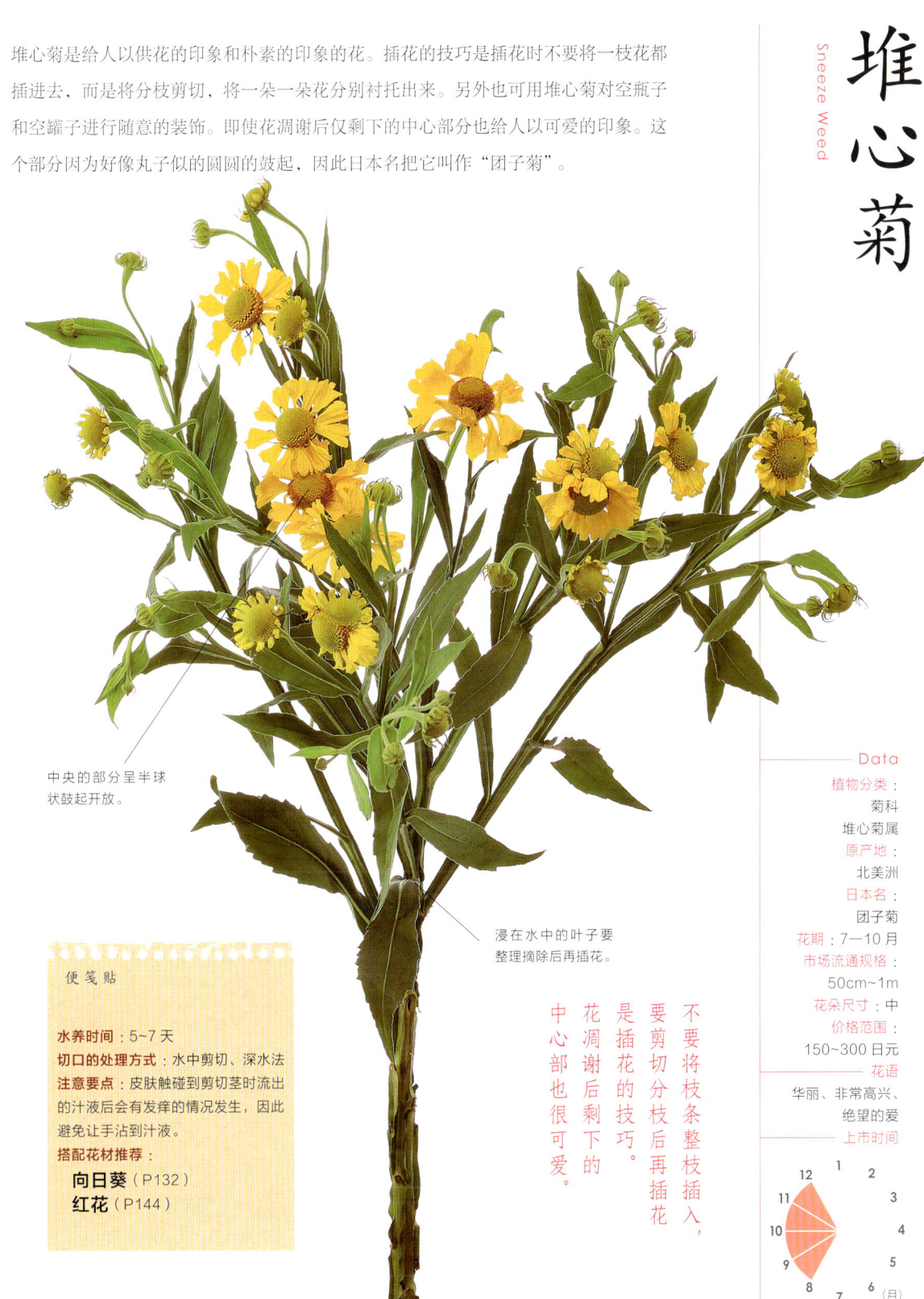

中央的部分呈半球状鼓起开放。

浸在水中的叶子要整理摘除后再插花。

不要将枝条整枝插入，要剪切分枝后再插花，是插花的技巧。花凋谢后剩下的中心部也很可爱。

便笺贴

水养时间：5~7天
切口的处理方式：水中剪切、深水法
注意要点：皮肤触碰到剪切茎时流出的汁液后会有发痒的情况发生，因此避免让手沾到汁液。
搭配花材推荐：
向日葵（P132）
红花（P144）

Data

植物分类：
菊科
堆心菊属
原产地：
北美洲
日本名：
团子菊
花期：7—10月
市场流通规格：
50cm~1m
花朵尺寸：中
价格范围：
150~300日元

花语
华丽、非常高兴、绝望的爱

上市时间

玛格丽特花

Paris daisy, Marguerite

即使是对花的名字感到生疏的人，当听到可以一片片地摘下它的花瓣对恋情进行占卜时，脑海中是否会浮现出这种花呢？据说这是在日本明治时代初期就开始流传的说法，玛格丽特花作为庭园和盆栽的用花也受到欢迎。那白色清秀的花儿，像万人迷似的。

虽然一般都是单瓣品种的白色花，但随着品种改良的盛行，重瓣和粉色、橙色、黄色等的花也陆续登场。另外，开花良好的小花类型也受到欢迎。

若间隔地除掉多余的叶子，并且充分吸收水分，即使是小花蕾也会开花。

一般都是单瓣品种的白色花。

Data

植物分类：
菊科
木茼蒿属

原产地：
加那利群岛

日本名：
木春菊

花期：3—4月

市场流通规格：
30~60cm

花朵尺寸：中

价格范围：
150~300日元

花语
爱情占卜、期待的爱、诚实、藏在心底的爱、真实的友情

上市时间

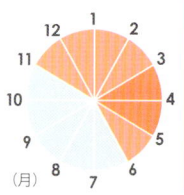

便笺贴

水养时间：7~10天
切口的处理方式：水中剪切、浸烫法、灼烧法
注意要点：适当地摘除叶子，可增强吸水力。
搭配花材推荐：
宿根香豌豆（P77）
郁金香（P97）

插花实例

在简约的玻璃花器中插入玛格丽特花，装饰在有阳光照射的窗边。

叶子呈羽状深细裂。

白色清秀的花儿，被万人所喜爱。品种改良说也盛行。

八宝景天

Live-forever

"八宝景天"这个名字是从一个名叫弁庆的武藏坊僧而得来的。将剪切下来的茎和叶直接放置在一边也不会枯萎的健壮的花材,被比喻成强壮的武将弁庆。确实,八宝景天是仙人掌等的多肉植物的伙伴,喜欢干燥,植株十分结实健壮,花期保持长久。另外它还耐酷暑,在花少的夏天进行插花时,八宝景天是非常重要的宝贝。星型的小花聚集在一起一开放,给人以饱满的感觉。将其分别剪下,作为填补插花的空隙来使用很是方便。

以开花前的状态来上市流通。

茎和叶具有多肉植物的独特的质感。

喜欢干燥,花茎粗壮,花期可保持长久。作为填补插花的空隙的花材大显身手。

便笺贴

水养时间:1~2周
切口的处理方式:
水中剪切、浸烫法
注意要点:不喜潮湿的环境,要放置在通风良好的场所。
搭配花材推荐:
洋桔梗(P107)
全缘铁线莲(P146)

Data

植物分类:
　景天科
　八宝属
原产地:
　欧洲、
　西伯利亚、日本、
　中国、蒙古、
　朝鲜半岛
日本名:
　弁庆草
花期:7—10月
市场流通规格:
　30~60cm
花朵尺寸:小
价格范围:
　200~300日元
花语
　坚强的心、信念、
　平稳、恬静
上市时间

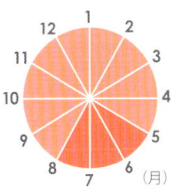

万寿菊

Marigold

虽然万寿菊是以黄色和橙色的明亮的色彩来装点夏天花坛的花卉，但也作为切花在市场上流通。万寿菊有株高花大的非洲系列和株矮花小的法兰西系列两个种类。但最近，白色和米色等的淡色的花以及单瓣等的罕见的品种也登场了。

花为大型的非洲系列时，茎是中空的，花下的茎容易折断，使用时要注意。另外，万寿菊会散发出强烈的香味，避免过度使用。

重瓣品种、呈圆形开放的类型是主流。

鲜明的色彩让人印象深刻。因具有强烈的香味，注意不要使用过度。

叶片会散发出强烈的香味。

Data

植物分类：
菊科万寿菊属
原产地：
墨西哥
日本名：
孔雀草、万寿菊、千寿菊
花期：4—10月
市场流通规格：
15~80cm
花朵尺寸：
中・大
价格范围：
150~300日元
花语
可怜的爱情、友情、勇者、预言、健康、嫉妒、绝望
上市时间

便笺贴

水养时间：5~10天
切口的处理方式：
水中剪切、浸烫法
注意要点：因香味强烈，注意不要使用过度。
搭配花材推荐：
马蹄莲（P49）
向日葵（P132）

插花实例

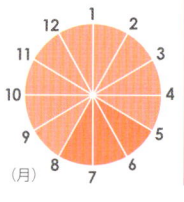

与同为黄色的马蹄莲和堆心菊一起组合搭配而成的花束。另用明亮的切叶作为衬托。

小白菊
Feverfew

有许多直径为1~2cm的小花长在分枝的细茎的先端上。除了单瓣品种的白色花较普遍外，还有半重瓣、重瓣、小球型、开黄花的品种等。

单瓣品种的花，与香草的"洋甘菊"很相似，但叶形不同。有可爱的氛围的小白菊，分枝后在插花时和制作花束时适合作为填补空隙来使用。但其水分容易丧失，因此要将多余的叶片整理摘除，进行充分吸水后再使用。

此外，花还带有与菊花相似的强烈的香味。

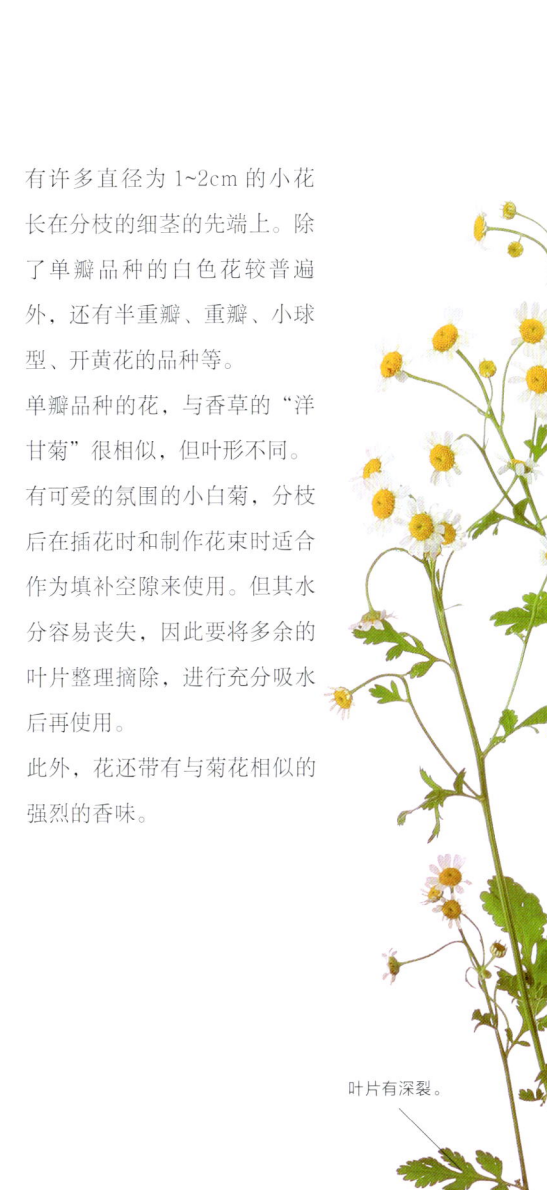

直径为1~2cm的小花具有强烈的香味。

叶片有深裂。

可爱的白花呈多枝状生长，注意水分容易丧失。

便笺贴

水养时间：3~7天

切口的处理方式：水中剪切、浸烫法

注意要点：不仅茎易折断，叶片也易受到损伤，因此要小心照看；多余的叶片要整理摘除，吸水要充分。

搭配花材推荐：
红三叶草（P88）
宿根羽扇豆（P168）

插花实例

在广口的玻璃花器中插入少量小白菊时，若将花集中于一侧，可以得到较好的平衡。

Data

植物分类：
菊科
菊属

原产地：
地中海沿岸、西亚

日本名：
夏白菊

花期：5—7月

市场流通规格：
30~90cm

花朵尺寸：小

价格范围：
150~300日元

花语
恋爱、聚会的喜悦
忍耐、宽容、快乐

上市时间

日本裸菀

Gymnaster

据说在镰仓时代,"承久之乱"中战败的一个名叫顺德院的人被流放到了佐渡岛上。他看到了这种花,由此得到了心灵的慰藉而发誓忘记都城的日子。因此将这种花起名为"都忘"。

因日本裸菀花具有端正的花姿而显得有气度,利用花色和花形很适合插出清爽的插花作品。它也很适合与切枝和带有野草风的花材相搭配。

日本裸菀的优点是茎很结实,吸水力也强。如果整理摘除小花蕾后再插花,已经带有些许颜色的花蕾也能开放。

> 那端正的花姿显得很有气度,茎结实且吸水力强,适合清爽秀气的插花。

茎的先端长着数朵花。

叶的四周边缘为尖锐的锯齿状。

Data

植物分类:
菊科
裸菀属

原产地:
日本

日本名:
都忘、
野春菊、
深山嫁菜

花期:4—6月

市场流通规格:
20~50cm

花朵尺寸:中

价格范围:
100~300日元

花语
离别、
暂时的休息、
坚强的意志

上市时间

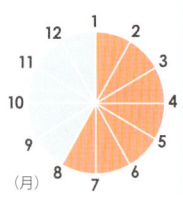
(月)

便笺贴

水养时间:3~5天

切口的处理方式:水中剪切、浸烫法

注意要点:挑选茎结实的日本裸菀,可使花期保持长久。另外,要将多余的叶和坚硬的小花蕾进行整理摘除。

搭配花材推荐:
勿忘草(P173)
麻叶绣线菊(P180)

三岛柴胡

Bupleurum root

"三岛柴胡"这个名字,是因为其原产地在静冈县三岛市附近而得来的。将根干燥后就成了具有散热作用的,众所周知的中药"柴胡桂枝汤"的原料。

尽管自生种面临灭绝的危机,但是到了秋天,栽培的切花开始在市场上流通。

绿黄色的小花给人以谨慎的印象,在秋天感觉的自然风插花等中作为配角大显身手。将分枝剪切后再使用为宜。

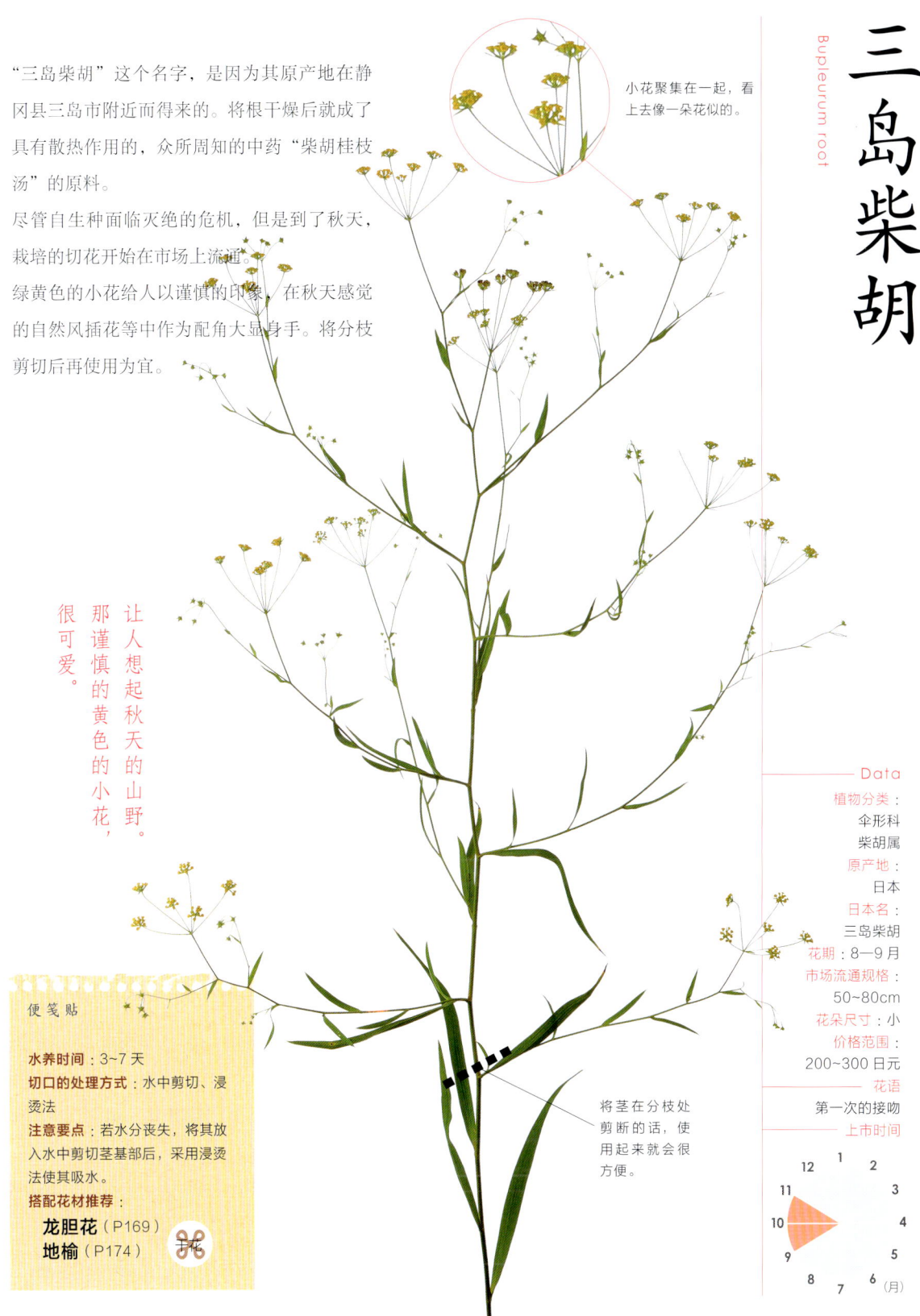

小花聚集在一起,看上去像一朵花似的。

让人想起秋天的山野。那谨慎的黄色的小花,很可爱。

将茎在分枝处剪断的话,使用起来就会很方便。

便笺贴

水养时间:3~7天
切口的处理方式:水中剪切、浸烫法
注意要点:若水分丧失,将其放入水中剪切茎基部后,采用浸烫法使其吸水。
搭配花材推荐:
 龙胆花(P169)
 地榆(P174)

Data

植物分类:
伞形科
柴胡属

原产地:
日本

日本名:
三岛柴胡

花期:8—9月

市场流通规格:
50~80cm

花朵尺寸:小

价格范围:
200~300日元

花语
第一次的接吻

上市时间

葡萄风信子

Grape hyacinth

像葡萄的子房似的可爱的小花长在茎的先端。它是一种球根植物，是风信子的伙伴，它的英文名叫"Grapehyacinth"。"葡萄风信子"这个名字，是因为花香与麝香的香味相似而得来的。除了使人感到清爽的花香品种外，也有着具有强烈芳香的品种。

虽然葡萄风信子也有蓝色系和白色、接近绿色的品种在市场上流通，但只要一说起葡萄风信子的颜色，人们首先都会想到蓝色。葡萄风信子的花色有深有浅，若将它放入带有甜蜜春色感觉的花束中，会显得非常突出。

宣告初春到来的球根植物，蓝色系的花色很美，也有具有强烈芳香气味的品种。

Data

植物分类：
百合科蓝壶花属
原产地：
地中海沿岸、亚洲西南部
日本名：
葡萄风信子
花期：3—4月
市场流通规格：
10~30cm
花朵尺寸：小
价格范围：
100~150日元
花语
宽大的爱、即使沉默也能心心相通、失望、失意

上市时间

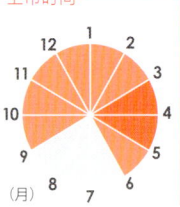

便笺贴

水养时间：5~7天
切口的处理方式：水中剪切
注意要点：挑选花与花之间相连紧实的新鲜的葡萄风信子。
搭配花材推荐：
冠状银莲花（P23）
水仙（P80）

插花实例

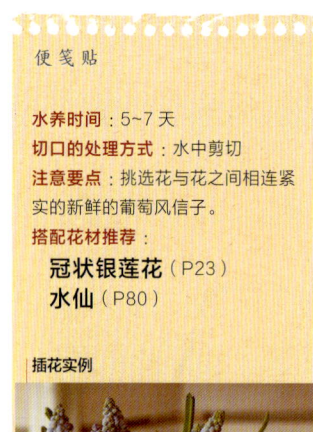

将像带球根的风信子一样在市场上流通的葡萄风信子放入玻璃花器中。那花器的青色杯脚成了显眼的地方。

约3~5mm的小花在茎的先端相连开放。

偏绿色的花色也有人气。

大麦
Barley

麦子有各种各样的种类，作为切花在市场上流通的主要是大麦。长着青绿麦穗的大麦，与带着春天气息的花材搭配组合，经常被用来制作花束。

大麦那漂亮的绿色叶子，会很快就变成黄色，因此在制作花束和插花时要事先将叶子摘掉。

到了秋天，那好像染上了金黄色的大麦也在市场上流通。它可以在以果实累累的秋天为印象的插花中使用。

> 青绿的麦穗，作为春天的花材大显身手。经常被使用在随意的花束中。

利用麦穗和茎的直线形的线条。

便笺贴
水养时间：5~7天
切口的处理方式：水中剪切
注意要点：叶子容易变色，摘除掉为宜。
搭配花材推荐：
郁金香（P97）
欧洲油菜（P112）

Data
植物分类：禾本科大麦属
原产地：中东
日本名：麦
花期：4—6月
市场流通规格：60cm
花朵尺寸：中
价格范围：100~200日元

花语
财富、繁荣、希望、丰收

上市时间
（月）

157

矢车菊
Bachelor's button, Bluebottle

矢车菊的花形,因与将箭呈放射状的圆形排列时形成的古代叫"矢车"的设计图案相似,它的花名便由此而得来。它是从寒冷的冬天开始就在市场上流通的早春的花儿。

那深蓝色的花,据说从古埃及的图坦卡蒙国王的坟墓中出土的物品里就有描绘。矢车菊是德国的国花,单身的人会在领口处佩戴这种花,它受到了全世界的喜爱。

有深裂痕的细花瓣给人以柔弱纤细的印象。利用细茎的线条,在有野花风趣、优雅气氛的插花中使用它吧。

有裂痕的细花瓣,给人以柔弱纤细的印象。可利用茎的线条来插花。

茎和叶密被白色绒毛。

可爱的花苞若是进行吸水处理的话也会开放。

有深裂痕是花瓣的特征。

像这样硬的小花苞似乎不会开放,可将其摘除。

Data

植物分类:
菊科
矢车菊属

原产地:
欧洲东南部、小亚细亚

日本名:
矢车菊、矢车草

花期: 4—6月

市场流通规格:
30~60cm

花朵尺寸: 中

价格范围:
100~300日元

花语
幸福、幸运、教育、信赖、敏感、优雅、柔弱、独身生活

上市时间

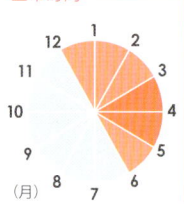
(月)

便笺贴

水养时间: 5~7天
切口的处理方式: 水中剪切
注意要点: 浸在水中的茎易腐烂,每天要勤剪茎基并换水。
搭配花材推荐:
白玉草(P60)
圆叶柴胡(P139)

莫氏兰

Mokara

鲜明的花色和花不易凋谢的优点，适中的价格，作为可随意使用的兰花而受到欢迎。

在具有众多品种的兰花中，近年来人气聚集的就是"莫氏兰"。它是将千代兰属、蜘蛛兰属、鸟舌兰属的三种兰进行杂交而培育出的人工品种，作为切花主要从东南亚进口。莫氏兰有黄色、橙色、紫色、粉色等鲜明的色彩，花色丰富，花朵不易凋谢，价格也适中。

将莫氏兰直接插花的话，可上演华丽的感觉，若放几朵浮在水面也很漂亮。另外，勤换水、勤剪茎基，可使花期保持长久。

便笺贴

水养时间：1~2周
切口的处理方式：
水中剪切、浸烫法
注意要点：因不喜寒冷，冬季要放置在温暖的场所。为不使其干燥，从花的背面喷水进行水分补给。
搭配花材推荐：
非洲菊（P45）
万代兰（P131）

插花实例

将叶尖卷成圆筒状的朱蕉作为固定花材之用，再插入两种不同色的莫氏兰和木莓的叶进行组合搭配。

一支茎上开着许多花。

花不喜干燥环境，可用喷雾器进行水分补给。

花的中心有兰花特有的小唇瓣。

Data

植物分类：
兰科莫氏兰属
原产地：
亚洲热带地区、澳大利亚
日本名：——
花期：7—11月
市场流通规格：
20~30cm
花朵尺寸：中
价格范围：
200~300日元

花语
优美、优雅、品格、美人

上市时间

百合 Lily

自古以来,在日语"立如芍药,坐若牡丹,行似百合"中,百合花就被用来形容美女的姿态。作为切花在市场上流通的百合,大致被分为有向四面张开的大花朵的 Oriental Hybird 系列、健壮且生长快速的 LAHybird 系列、黄色和橙色,大朵花较多的 OTHybird 系列、日本百合和金百合、麝香百合等原种系列。

百合花具有强烈的芳香,并且优雅华丽,那纯白大朵的"卡萨布兰卡"和"Constance"是 Oriental Hybird 系列的代表种类。其作为结婚仪式的新娘捧花来使用也很有人气。在制作花束时,为了不要让花瓣沾上花粉而将花粉摘除。还有,到花儿绽放需要花费一定的时间,所以要想当日开花的话就要在时间上做些调整。

经过一段时间后,花瓣的先端会产生皱纹,并逐渐变得透明。

若挑选花苞多的百合的话,就可以长时间来欣赏。

花苞开放后,要将花粉摘除。

"Constance"(品种名)
(OrientalHybird 系列)

Data

植物分类:
百合科百合属

原产地:
北半球的亚热带~亚寒带

日本名:
百合

花期: 5—8月

市场流通规格:
20cm~1m

花朵尺寸: 中・大

价格范围:
200~3000 日元

花语
纯洁、威严、洁白、自尊心

上市时间

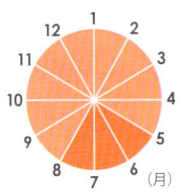

因为几乎所有的花苞都会开放,因此要挑选花苞多的百合。

叶尖硬挺并且水灵的就是新鲜的百合。

花朵芳香、花姿优雅,是具有魅力的礼仪插花的常规用花。注意不要让花粉沾到花瓣上。

百合品种目录

东方百合系列

从粉色到白色渐变的美丽的品种"Willeke Alberti"。

白地带深粉色的品种"Sorbonne"。华丽且有存在感。

与"卡萨布兰卡"品种匹敌的高级白百合品种"水晶布兰卡"。

花朝上开放的深粉色的品种"Tarango"。花瓣较硬。

花瓣四周的白色将中心部的红色衬托得很显眼的品种"Paradero"。花的体量很大。

粉中稍微带些白色的品种"Lovina"。花既大又雅致。

插花实例

便笺贴
水养时间：7~10天
切口的处理方式：水中剪切
注意要点：衣服若是沾到花粉会很难去除，在使用前要预先摘除花粉
搭配花材推荐：
  杂交系列的
    大丽花（P95）
    洋桔梗（P107）
  原种系列的
    穗花婆婆纳（P106）
    日本吊钟花（P186）

粉色的百合为主角。插花时若是高插百合的花苞而矮插绽放的花朵，就会取得较好的平衡感。将此作品插成三角型。

| 月季品种目录

原种系列

清秀的，形似喇叭的，侧面开放的白色花儿品种"铁炮百合"很有魅力。

品种"铁炮百合·Doosan"带有白色花斑的绿叶和花苞具有个性。

品种"渥丹百合"的橙色的小花给人以可爱的印象。可用于自然风的插花。

OT杂交百合系列

黄色大朵的品种"Yellow Win"。在婚礼用花上很有人气。

白色与黄色对比的美丽的大朵品种"Cherbourg"也很有人气。

LA杂交百合系列

橙色的品种"Royal Trinity"。花瓣虽大但不太张开。

粉色系列的品种"Samur"。花朵并不庞大，与其它的花材容易搭配。

| 插花实例

将并列摆放的与花色同色的白色花器中分别插入铁炮百合和斑叶铁炮百合。

立金花

Cape cowslips

具有"非洲风信子"的别名的球根植物——立金花，其喇叭型及筒型的小花呈穗状毗连开放。它也有香气芬芳的品种。

立金花的种类很多，花色也各种各样。那美丽的水色和双色等复色的品种特别有人气。

作为切花在市场上流通的是茎短不长叶、仅有花和茎的品种较为普遍。在小玻璃花器中插入几支立金花，欣赏它那像宝石那样美丽的花色吧！

喇叭型和筒型的小花，呈穗状毗连开放。也有香气芬芳的品种。

小喇叭型和筒型的花儿从下往上按顺序依次绽放。

"幻色立金花"（品种名）

"Aurea"（品种名）

便笺贴

- 水养时间：3~5天左右
- 切口的处理方式：水中剪切
- 注意要点：花后摘除残花，可保持花期长久。
- 搭配花材推荐：
  - 浙贝母（P116）
  - 阳光百合（P166）

Data

植物分类：
百合科立金花属

原产地：
南非

日本名：——

花期：2—4月

市场流通规格：
10~30cm

花朵尺寸：小

价格范围：
200~300日元

花语
持续的爱、见异思迁、不要花心

上市时间

花毛茛
Persian buttercup, Garden ranunculus

那轻飘飘的薄薄的花瓣层层重叠在一起开放的花姿给人以华丽感。近年来，作为装点春天的主角级别的花卉，已深受大家的喜爱。花毛茛的花色丰富，有花瓣全体花色为渐变的、也有花瓣的边缘处有花边的。开花方式也有可看见花蕊的半重瓣和像康乃馨那样开放的类型等，丰富多样。

挑选时，推荐稍微有些绽放的花毛茛。那小且硬的花苞，大多是不等到开放就萎蔫，因此在插花时要将其摘除掉。因为花毛茛浸在水中的茎容易腐烂，插花时最好插在水少的花器中。

> 作为春天的主角很有人气！那轻飘飘的一层又一层重叠的花瓣很美。

一支茎上长有数朵花。小而硬的花苞要进行摘除整理。

试着轻轻地抓一下茎，感到茎变软时，就是水分丧失的信号。

在圆胖呈球型的花器中，剪短插入美丽绽放的两种不同淡雅花色的花毛茛。

Data

植物分类：
花毛茛科 花毛茛属

原产地：
亚洲西南部、欧洲

日本名：
花金凤花

花期：3—4月

市场流通规格：
40~60cm

花朵尺寸：中·大

价格范围：
150~350日元

花语
光芒四射的魅力、名声、忘恩负义

上市时间

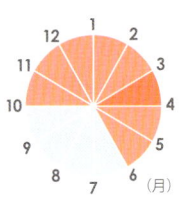

便笺贴

水养时间：3~4天
切口的处理方式：水中剪切、浸烫法
注意要点：对茎较软易折断的花毛茛，要小心照看。花毛茛宜插在放水较少的花器中。
搭配花材推荐：
月季（P120）
大阿米芹（P170）

插花实例

花毛茛品种目录

没有杂质的干净的黄色充满春天的气息。推荐与明亮的绿色搭配组合。

白色的花瓣一张开就成为大花的品种。与不同种类的白花一起组合搭配也很漂亮。

开绿色花的名叫"MGreen"的品种,有像青菜那样的独特的花姿。

深奥的红色花毛茛也有人气。即使是用一枝花毛茛来装饰也很有冲击力。

白色花瓣的上部为优雅的粉色的品种。茎粗壮但较短。

阳光百合

Glory of the sun

那细长的柔韧的茎的顶端，放射状地长着几朵星型的可爱的花儿。

作为切花普遍在市场上流通的是20世纪90年代，是比较新兴的花儿。那轻快高雅的花姿得到了大家的喜爱。

花瓣由从白色到青紫色的渐变的品种开始发展到蓝色和紫色系列，最近也有粉色和白色的花儿在市场上流通。

阳光百合的吸水力强，就连花苞也会绽放。另外，甜辣香味的品种和其他的品种要分开。

有白色和淡粉色、青紫色等各种各样的花色。

长在茎的顶端的星型的花儿呈放射状。

那轻快高雅的花姿和那甜辣的香味，使人气不断上升。

便笺贴

水养时间：3~5天
切口的处理方式：水中剪切
注意要点：花后摘除残花，花苞容易开放。
搭配花材推荐：
百子莲（P15）
翠雀（P103）

花瓣从白色到青紫色的渐变。

插花实例

将大叶片放入皮包的话，那柔弱的花形和花色就会变得引人注目。

Data

植物分类：
百合科
白棒莲属
原产地：
南非
日本名：——
花期：3—4月
市场流通规格：
30~60cm
花朵尺寸：中
价格范围：
200~300日元
花语
温暖的心
上市时间

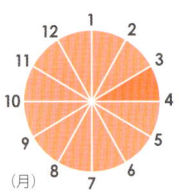

（月）

木百合

Leucadendron

原产南非的带有异国情调的植物。其有很多品种在市场上流通，花色和花形也各种各样。

尽管木百合的全体覆盖着细长的叶，但是在茎的先端也长着带有颜色的像花瓣似的，实际上是苞片的部分。苞片的中心头状部分才是花。叶和苞片都很硬且带有光泽，花期可保持长久也是木百合的优点。插花时可将枝条剪切成几部分后再使用。

中心的像松球似的部分才是花。

美丽的带有颜色的苞片简直像花瓣一样。令人高兴的是花期也可保持长久。

像花瓣似的带有颜色的部分是苞片。

便笺贴

水养时间：2 周左右
切口的处理方式：
水中剪切、灼烧法
注意要点：
插花时要剪切分枝后再使用。
搭配花材推荐：
洋桔梗（P107）
帝王花（P145）

插花实例

对于洋桔梗和月季组合搭配的插花，苞片是绿色的木百合作为陪衬。

"SilverStar"（品种名）　　"Yellow"（品种名）

Data

植物分类：
山龙眼科
木百合属
原产地：
南非
日本名：——
花期：全年
市场流通规格：
50cm~1m
花朵尺寸：中・大
价格范围：
300~800 日元

花语
沉默的爱恋、
打开封闭的心

上市时间

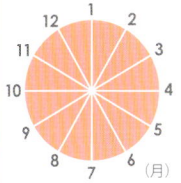

宿根羽扇豆 Lupine

作为庭院花卉为大家所熟悉的宿根羽扇豆，近年来作为切花也受到欢迎。呈穗状开放的与紫藤相似的小花让人想起豆科的植物。相对于紫藤是从上往下向下垂着开放，宿根羽扇豆则是向上开放，因此也叫"升藤"。

将各种花色的宿根羽扇豆混合搭配可以做成迷你花束。当然，即使只用一种同花色的宿根羽扇豆插在花器中也会很漂亮。注意花容易一片片地零散掉落，因此花谢后要立即摘除残花。

与紫藤相似的小花从下往上按顺序依次开放。

花园中很熟悉的花卉。可将各种花色的宿根羽扇豆混合扎成迷你花束。

茎与叶密被白色柔软的胎毛。

Data

植物分类：
豆科羽扇豆属

原产地：
南北美洲、地中海沿岸、南非

日本名：
升藤、立藤草

花期：5—6月

市场流通规格：
20~50cm

花朵尺寸：小

价格范围：
150~300 日元

花语：
很多的伙伴、母爱

上市时间

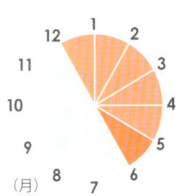

插花实例

便笺贴

水养时间：5~7天
切口的处理方式：水中剪切、深水法、浸烫法
注意要点：水分容易丧失，因此要使其充分吸水。
搭配花材推荐：
日本蓝盆花（P83）
天蓝尖瓣木（P140）

在古典风格的花器中插入黄色的宿根羽扇豆，插在跟前的绿叶是北美白珠树的叶片。

龙胆花
Gentian

给人以凉爽的印象却又总觉得土气,虽然作为盂兰盆节和彼岸节供奉的花的印象很强烈,但是随着品种改良的进行,在插花时变得容易使用。粗的茎变细,全体变得小型化;那独特的气味也变得很淡。除了常规的青紫色的龙胆花之外,淡紫色和水色、粉色、白色等的颜色淡雅的品种也很丰富。还有多枝型和迷你型等品种。

对于直立的长茎来说,在插花时不要直接用来长插,而应将其剪切为几段才容易使用。

茎细,被改良成小型化品种,在插花时变得容易使用。

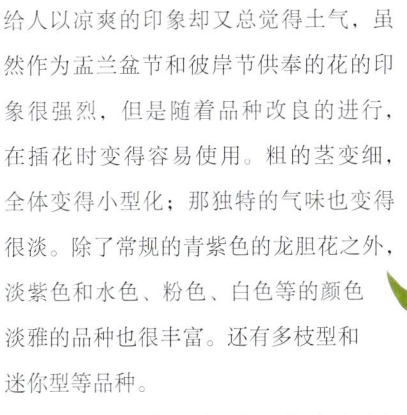

便笺贴

水养时间:5~7天
切口的处理方式:水中折断
注意要点:若将水直接浇在花上,花朵就会闭合。
搭配花材推荐:
多枝菊(P90)
地榆(P174)

插花实例

在马口铁制成的迷你小桶中插入剪短的龙胆花。随意地用身边的杂货来插花也很合适。

筒状花长在茎中部的叶的上方和茎的先端。

茎直立,几乎没有分枝。

"My Fantasy"(品种名)

Data

植物分类:
龙胆科
龙胆属
原产地:
非洲以外的亚寒带~热带
日本名:
龙胆
花期:7—9月
市场流通规格:
20~80cm
花朵尺寸:中
价格范围:
200~400日元

花语
正义、正确、寂寞的爱情、喜欢忧伤的你

上市时间

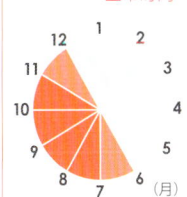

大阿米芹

Bishop's weed

在一个花梗上有 10~20 朵白色的小花集中在一起呈圆形开放，而那些从茎的先端分枝呈伞状张开的花姿简直就像编织的纤细的蕾丝似的。虽然大阿米芹并不是主角的花，但若在插花和花束中添加这种花，就可以上演一种凉爽的罗曼蒂克的印象。将分枝的大阿米芹的长度整理一致后再插入花器中会很漂亮。注意叶片容易丧失水分，要预先整理摘除后再插花。

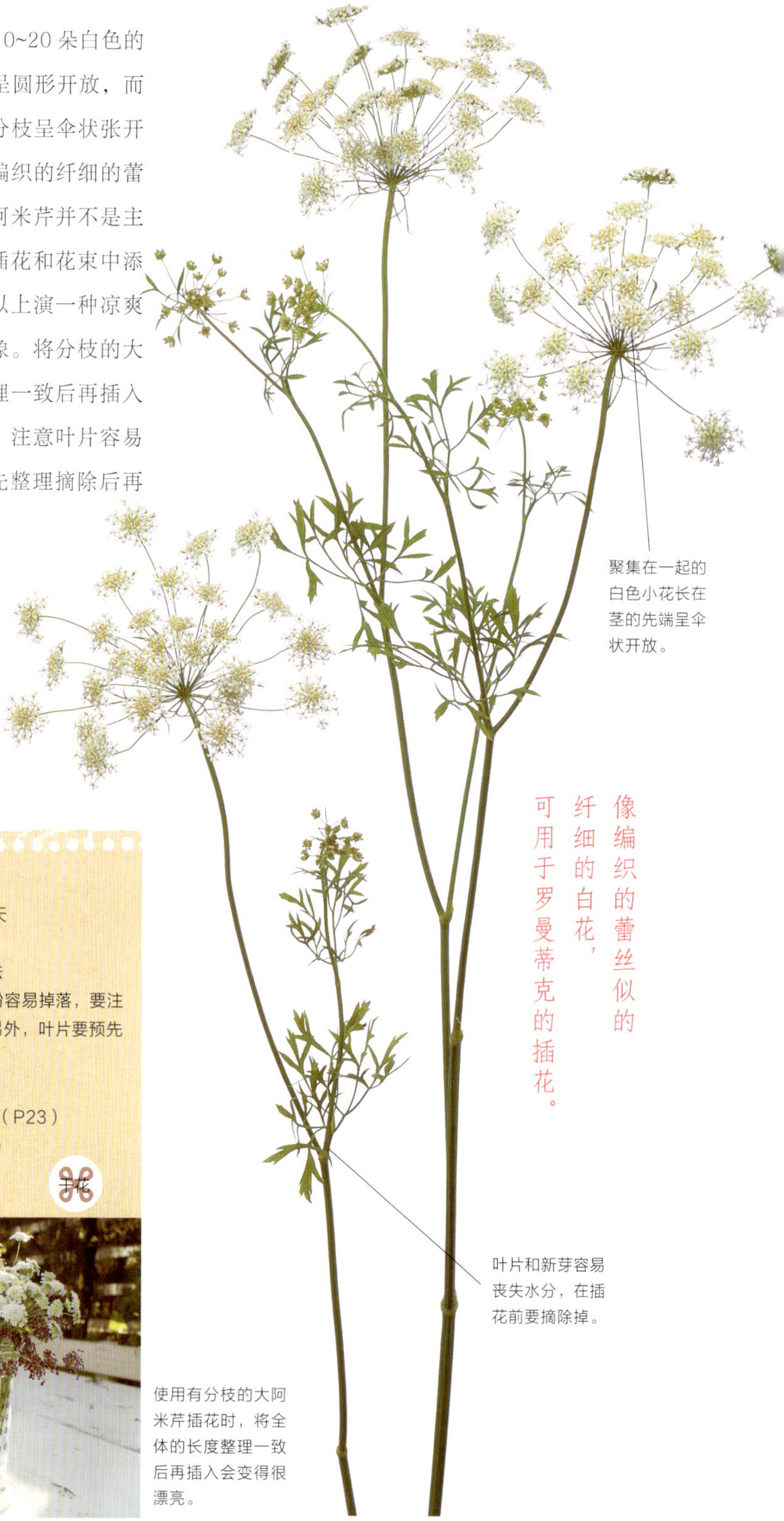

聚集在一起的白色小花长在茎的先端呈伞状开放。

像编织的蕾丝似的纤细的白花，可用于罗曼蒂克的插花。

Data

植物分类：
伞形科 阿米芹属

原产地：
地中海沿岸、西亚

日本名：
毒芹拟

花期：5—6 月

市场流通规格：
30cm~1m

花朵尺寸：小

价格范围：
150~400 日元

花语
悲哀、可怜的心、情爱甚笃、优雅的癖好

上市时间

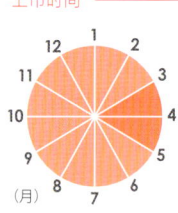
(月)

便笺贴

水养时间：3~7 天

切口的处理方式：
水中剪切、浸烫法

注意要点：因花粉容易掉落，要注意装饰的场所。另外，叶片要预先整理摘除。

搭配花材推荐：
冠状银莲花（P23）
月季（P120）

插花实例

使用有分枝的大阿米芹插花时，将全体的长度整理一致后再插入会变得很漂亮。

叶片和新芽容易丧失水分，在插花前要摘除掉。

硬叶蓝刺头

Small globe thistle

当硬叶蓝刺头为花蕾的时候，颜色为银色而且全体呈刺状，但随着小花的密集开放变成了青紫色。因为硬叶蓝刺头在夏天适合给人以凉爽的印象，在插花时使用则会插出轻快的韵律感。

叶带有刺，若被刺扎到会很疼，要小心。叶的背面和茎上密被的白色绒毛与其花色很协调。

另外，硬叶蓝刺头也可直接成为干花。

青紫色的小花集中在一起呈球状开放。

银蓝色的花儿给人以凉爽的印象，可使插花显得轻快。

茎和叶的背面密被白色绒毛。

叶带有锯齿状的刺，小心不要被刺疼。

便笺贴

水养时间：1周左右
切口的处理方式：
水中剪切、灼烧法
注意要点：花"脖子"容易向下垂，因此要使其充分吸水。另外要注意叶有刺。
搭配花材推荐：
绣球（P16）
龙胆花（P169）

插花实例

在中心附近呈放射状伸长的硬叶蓝刺头可成为插花的点缀。

Data

植物分类：
菊科蓝刺头属
原产地：
西亚、欧洲东南部
日本名：
瑠璃玉蓟
花期：6—7月
市场流通规格：
70cm~1m
花朵尺寸：小
价格范围：
200~600日元

花语
敏锐、怀疑、权威、独自站立

上市时间

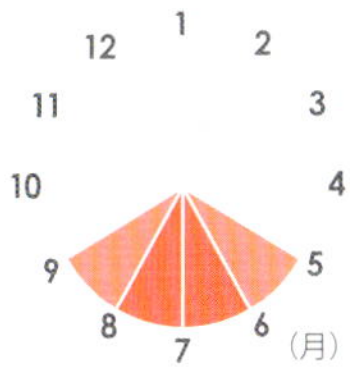

西澳蜡花

Waxflower

像蜡质工艺品般带有光泽和质感的花，虽然小，但也有存在感。

"Waxflower"这个名字，宛如从蜡质工艺品般的带有光泽和质感的花而得来的。花由五片花瓣组成，花虽然小但具有存在感。

插花时要分枝后再使用，并要插出饱满感。但在使用前要将枝条倒置抖动几次，预先使原已一片片散落的花掉落为宜。另外仅仅在水中剪切茎基也能充分吸水。

Data

植物分类：桃金娘科风蜡花属
原产地：澳大利亚
日本名：——
花期：3—5月
市场流通规格：60cm~1m
花朵尺寸：小
价格范围：200~400日元

花语
变化无常、纤细、可爱、还有没被注意到的优点

上市时间

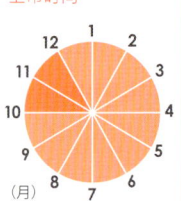
（月）

便笺贴

水养时间：2周左右
切口的处理方式：水中剪切
注意要点：因为花容易一片片散落，要抖动枝条使散落的花掉落后再使用。
搭配花材推荐：
帝王花（P145）
布什绵（P221）

插花实例

若将剪短的粉色西澳蜡花的分枝插满茶杯，会让人觉得很可爱。

若保证全体的平衡的同时间隔地摘掉细叶，枝条会变得清爽。

花瓣带有像涂了蜡似的质感。

勿忘草

Forget me not

勿忘草的英文名叫"forget me not（勿忘我）"，是来自于一个年轻人为了恋人去摘花，却被多瑙河的激流吞噬掉时留下的最后一句话的传说。那句话用日语翻译过来就叫"勿忘草"。

澄澈的蓝色花瓣与花瓣中心的黄色的组合给人印象深刻。其与明亮的绿色叶子也很搭配。将春天的小花集中在一起，可作为小型插花的色彩点缀。勿忘草的水分容易丧失，建议使用浸烫法来进行吸水处理。

像天空那样的蓝色让人印象深刻。利用那可爱的小花，来点缀小巧可爱的插花作品。

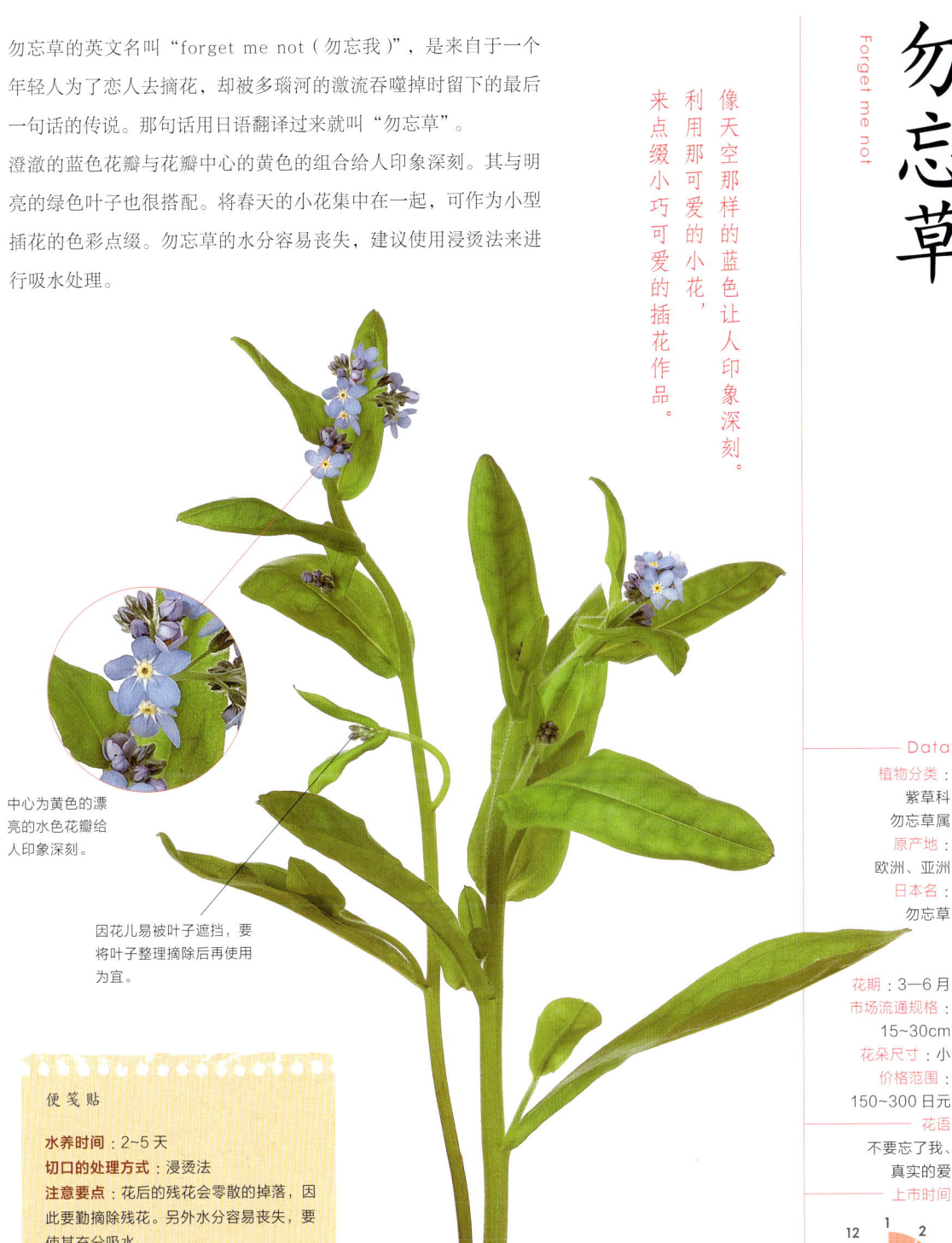

中心为黄色的漂亮的水色花瓣给人印象深刻。

因花儿易被叶子遮挡，要将叶子整理摘除后再使用为宜。

便笺贴

水养时间：2~5天
切口的处理方式：浸烫法
注意要点：花后的残花会零散的掉落，因此要勤摘除残花。另外水分容易丧失，要使其充分吸水。
搭配花材推荐：
红三叶草（P88）
葡萄风信子（P156）

---- Data ----
植物分类：
紫草科
勿忘草属
原产地：
欧洲、亚洲
日本名：
勿忘草

花期：3—6月
市场流通规格：
15~30cm
花朵尺寸：小
价格范围：
150~300日元
花语
不要忘了我、
真实的爱
上市时间

地榆

Burnet bloodwort

优雅色调的花，酝酿出秋天般的风情。注意不要把茎折断。

自古以来，作为秋天的山野代表的花儿在和歌中经常被吟诵。那在茎的先端开放、看上去像果实一样的，其实是聚集在一起的小花的花穗。偏黑的红色和茶色的花穗给人以优雅的印象。

虽然地榆与芒草、小菊、龙胆花等一起组合搭配插在日式风格的插花作品中很合适，但若与西式风格的花一起搭配，也有变成现代风的意外的惊喜。带着分枝使用时，小心不要把细茎折断。

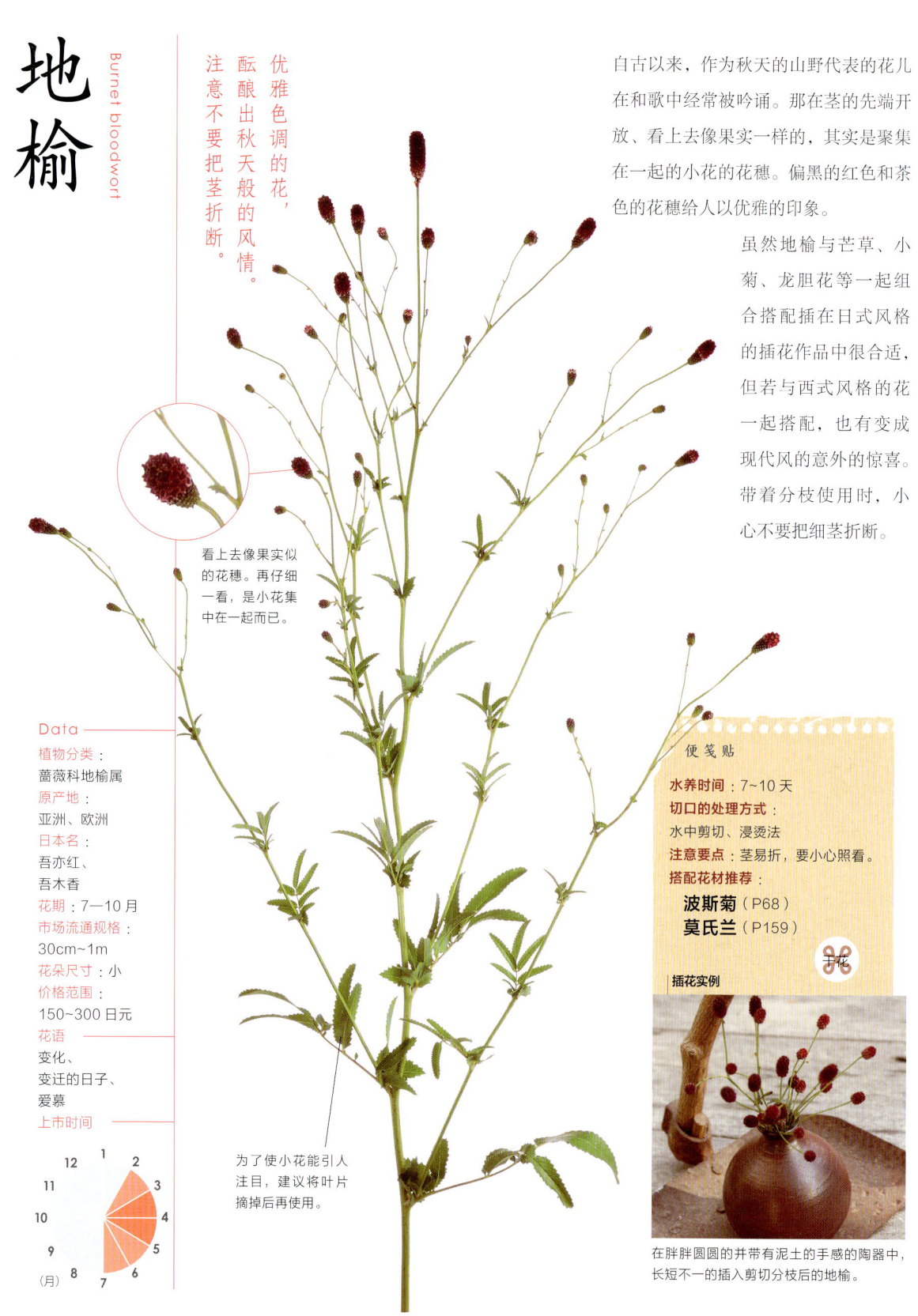

看上去像果实似的花穗。再仔细一看，是小花集中在一起而已。

为了使小花能引人注目，建议将叶片摘掉后再使用。

Data

植物分类：
蔷薇科地榆属
原产地：
亚洲、欧洲
日本名：
吾亦红、吾木香
花期： 7—10月
市场流通规格：
30cm~1m
花朵尺寸： 小
价格范围：
150~300日元
花语
变化、
变迁的日子、
爱慕
上市时间

便笺贴

水养时间： 7~10天
切口的处理方式：
水中剪切、浸烫法
注意要点： 茎易折，要小心照看。
搭配花材推荐：
波斯菊（P68）
莫氏兰（P159）

插花实例

在胖胖圆圆的并带有泥土的手感的陶器中，长短不一的插入剪切分枝后的地榆。

切枝篇

腺柳

Japanese pussy willow, Red bud pussy willow

有光泽的并带有红色冬芽的腺柳是美丽的细柱柳的伙伴。其在寒冷的季节上市，也经常在正月的插花中登场。

腺柳上市的时候芽还带着红色的皮，等到皮脱落后就会露出银白色的轻飘飘的绒毛。

腺柳的优点是枝条柔软易弯曲。利用枝条的曲线美也可用于动感的插花。

> 带有光泽的红色的冬芽很美。可用于冬天的插花。

因为枝条带有红色和绿色两个面，在插花时要将红色的那一面插在正面。

枝条柔软易弯曲。

Data

植物分类：
杨柳科柳属
原产地：
日本
日本名：
赤目柳、振袖柳
花期：2—4月
市场流通规格：
1~1.5m
花朵尺寸：小
价格范围：
150~250日元
花语
坚强的忍耐
上市时间

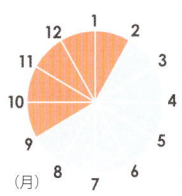

便笺贴

水养时间：2周左右
切口的处理方式：水中剪切、切口基部十字剪切法
注意要点：对粗茎采取切口基部十字剪切法来进行处理，可增强吸水力。
搭配花材推荐：
金鱼草（P56）
羽衣甘蓝（P118）

虽然腺柳的芽是在带着红色的皮的状态下上市流通的，但是皮下为银白色的绒毛。

山苍子

May Chang, Litsea cubeba

"青文字"的名字,是从枝条的颜色是青绿色而得来的。在还感觉到有残冬似的早春,比长出叶子快一步的淡黄色的花儿的绽放,告知着春天的来临。像小小的果实似的可爱的花儿,与绿色的枝条和叶子一起给人以朝气蓬勃和清爽的印象。

山苍子的枝和叶的优点是具有像柠檬似的香味。因此,枝条也被作为牙笺的原材料来利用。

在春天最早开放的花儿和枝条的绿色,给人以清爽的感觉。像柠檬似的香味独具魅力!

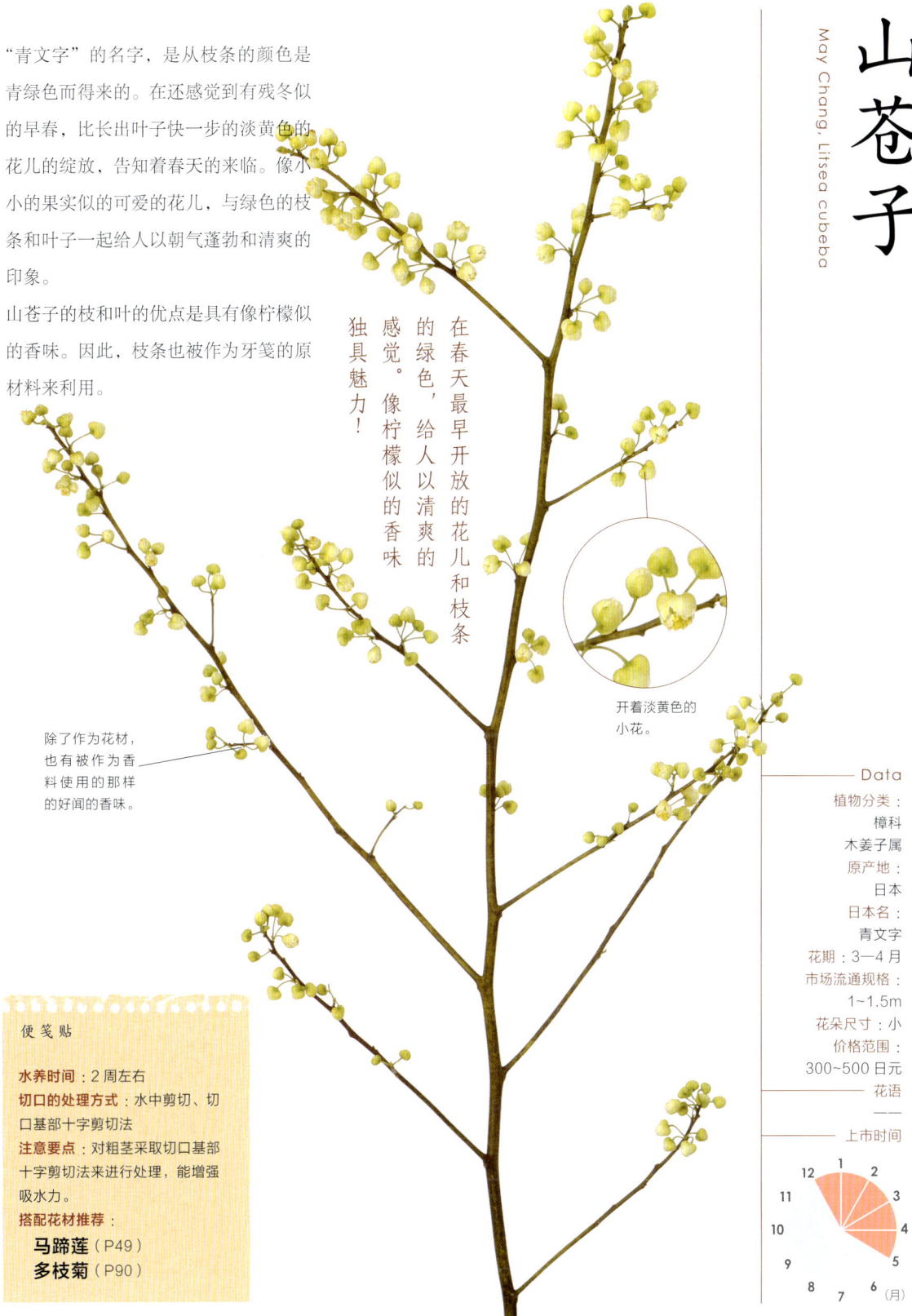

开着淡黄色的小花。

除了作为花材,也有被作为香料使用的那样的好闻的香味。

便笺贴

水养时间:2周左右
切口的处理方式:水中剪切、切口基部十字剪切法
注意要点:对粗茎采取切口基部十字剪切法来进行处理,能增强吸水力。
搭配花材推荐:
　　马蹄莲(P49)
　　多枝菊(P90)

Data

植物分类:
樟科
木姜子属
原产地:
日本
日本名:
青文字
花期:3—4月
市场流通规格:
1~1.5m
花朵尺寸:小
价格范围:
300~500日元

—— 花语 ——
——上市时间——

木莓

Bramble

那有深裂痕的光洁美丽的绿色的叶子，有着婴儿的手掌似的可爱的形状。

从春天到夏天，青绿的叶子生长茂盛，可以给插花时增添自然的饱满感。而到了深秋时节绿叶变成红叶，那从黄色到橙色再到红色的美丽渐变令人陶醉。木莓作为上演季节感的花材是重要的珍宝。

到了秋天，变成红叶的叶子在市场上流通。

掌状深裂的叶子很可爱！秋天的红叶也很美。

在水中剪切后或是在深水中浸泡或是灼烧切口处以促使其吸水。

Data

植物分类：
蔷薇科悬钩子属
原产地：
西亚、
非洲、
欧洲、
美国
日本名：
木莓
花期：3—5月
市场流通规格：
50cm~1m
花朵尺寸：小
价格范围：
300~500日元
花语
爱情、谦逊、受到尊重
上市时间

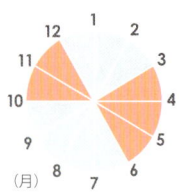
(月)

便笺贴

水养时间：2周前后
切口的处理方式：水中剪切、深水法、灼烧法
注意要点：因吸水力较弱，在水中剪切后或是在深水中浸泡或是灼烧切口处以促使其吸水。
搭配花材推荐：
洋桔梗（P107）
大丽花（P95）

压叶

龙爪柳

Hankow willow, Corkscrew willow, Pekin willow

正如"龙爪柳"这个名字，就像在云中前进的龙那样忸怩作态的扭曲的枝条很有个性。而那有造型感的弯曲，上演充满活力的动感。

枝条既柔软又容易弯曲，可作为花环的基础骨架来利用。虽然龙爪柳是以无花无叶的状态来上市流通的，但若将它直接浸入水中，它既会长出叶来，也会开花。

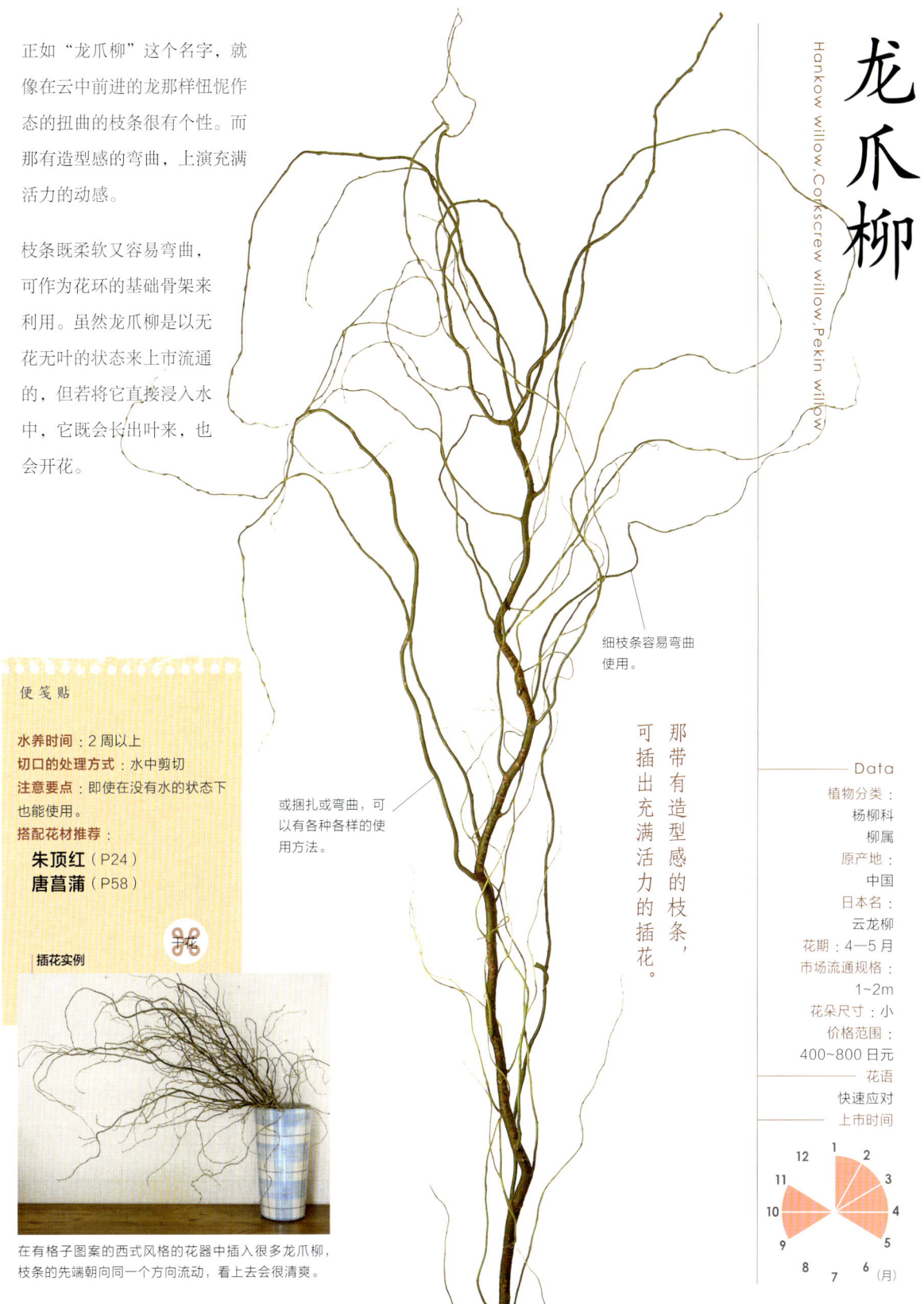

细枝条容易弯曲使用。

或捆扎或弯曲，可以有各种各样的使用方法。

那带有造型感的枝条，可插出充满活力的插花。

便笺贴

水养时间：2周以上
切口的处理方式：水中剪切
注意要点：即使在没有水的状态下也能使用。

搭配花材推荐：
朱顶红（P24）
唐菖蒲（P58）

插花实例

在有格子图案的西式风格的花器中插入很多龙爪柳，枝条的先端朝向同一个方向流动，看上去会很清爽。

Data

植物分类：杨柳科柳属
原产地：中国
日本名：云龙柳
花期：4—5月
市场流通规格：1~2m
花朵尺寸：小
价格范围：400~800日元

花语
快速应对

上市时间
（月）

麻叶绣线菊

Reeves spirea

白色的小花像手球似的呈半球状聚集在一起开放，就像一大朵花一样。麻叶绣线菊的细枝被花的重量压成弯曲状，像在描绘一个舒缓的弧形。那流动的线条，在插花时会产生一种轻快的动感。不论是日式插花还是西式插花都很适合使用。

不只是花，那小小的花蕾也长着一副可爱的表情。另外，青色的叶片也作为绿色切叶来使用。到了秋天变成红叶也在市场上流通。

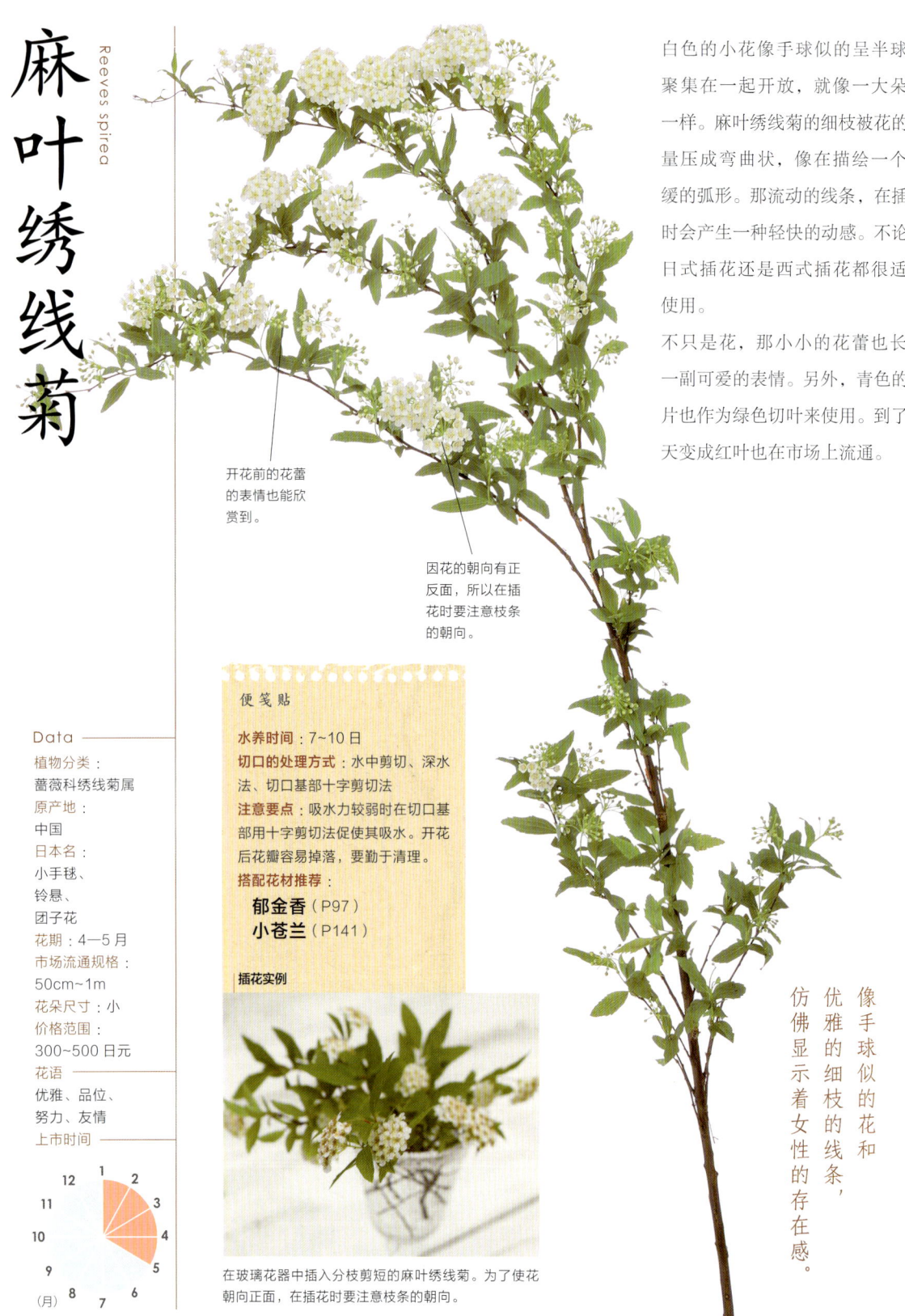

开花前的花蕾的表情也能欣赏到。

因花的朝向有正反面，所以在插花时要注意枝条的朝向。

像手球似的花和优雅的细枝的线条，仿佛显示着女性的存在感。

Data

植物分类：
蔷薇科绣线菊属
原产地：
中国
日本名：
小手毬、
铃悬、
团子花
花期：4—5月
市场流通规格：
50cm~1m
花朵尺寸：小
价格范围：
300~500 日元
花语
优雅、品位、
努力、友情
上市时间

便笺贴

水养时间：7~10日
切口的处理方式：水中剪切、深水法、切口基部十字剪切法
注意要点：吸水力较弱时在切口基部用十字剪切法促使其吸水。开花后花瓣容易掉落，要勤于清理。
搭配花材推荐：
郁金香（P97）
小苍兰（P141）

插花实例

在玻璃花器中插入分枝剪短的麻叶绣线菊。为了使花朝向正面，在插花时要注意枝条的朝向。

凤尾柏

Hinoki, Japanese cypress

像孔雀的羽毛般密生的枝叶很美，让人想起森林的香味也很有魅力。

凤尾柏是有很多种类的柏树的变种之一。其左右对称密生的枝叶，像孔雀的羽毛似的。凤尾柏那让人想起森林的清爽的香味也使其颇有魅力。

凤尾柏除了具有青翠的绿叶品种外，还有到了冬天叶子变成金黄色的名叫"日本扁柏"（如照片所示）的品种也受到欢迎。因为凤尾柏的枝条容易弯曲，推荐作为花环的基础骨架。到了12月，凤尾柏上结的松果在制作圣诞花环时也经常使用。凤尾柏也可以直接成为干花。

密生过度的枝叶要修剪后再使用。

便笺贴

水养时间：2~3周以上
切口的处理方式：水中剪切
注意要点：因枝叶比较重，要进行适度修剪后再使用。
搭配花材推荐：
绒柏（P191）
日本冷杉（P194）

花 / 精油

插花实例

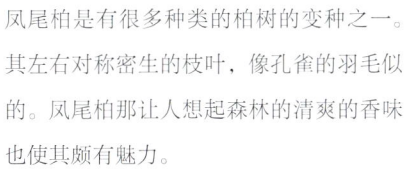

与同为针叶树的绒柏和日本冷杉一起搭配制作圣诞花环。叶尖的明亮的色彩很有效果。

Data

植物分类：柏科扁柏属
原产地：日本
日本名：孔雀桧叶
花期：3—4月
市场流通规格：50cm~1.2m
花朵尺寸：——
价格范围：300~400日元

花语
忍耐、悲伤

上市时间
（月）

红瑞木

Tartarian dogwood, Siberian dogwood

像珊瑚似的鲜红的枝干，在冬天的插花中大显身手。

从秋到冬，落叶之后的枝干像珊瑚似的染上了红色。那红色的枝干是在圣诞节和正月时节很多上市流通的切枝之一。

直立伸长的枝干，在有一定高度的插花和强调纵向的线条时是重要的花材。虽然红瑞木的枝干较为柔软容易弯曲，但也容易折断，因此要小心照看。另外，它还可作为花环的基础骨架来使用。

因为枝干容易弯曲，在插花中使用很方便。

便笺贴

水养时间：7~10日
切口的处理方式：水中剪切
注意要点：虽然枝干容易弯曲，但枝干先端容易折断，要注意照看。
搭配花材推荐：
郁金香（P97）
日本冷杉（P194）

插花实例

与红瑞木的红色枝干相搭配，插入花边型品种的红色郁金香。

枝干易折，注意小心照看。

Data

植物分类：
山茱萸科梾木属
原产地：
日本、朝鲜、台湾、中国、西伯利亚
日本名：
珊瑚水木
花期：5—6月
市场流通规格：
1~1.5m
花朵尺寸：小
价格范围：
200~300日元
花语
洗练
上市时间

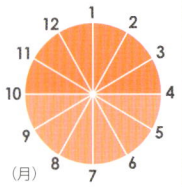
（月）

樱花

Japanese cherry, Japanese flowering cherry

樱花象征着春天，自古以来就被日本人所喜爱。除了赏花的常规品种"染井吉野樱"外，作为切花也有几个品种在市场上流通。按照从年末开始上市的"启翁樱"（如照片所示）、彼岸时（指春分时）开花的"彼岸樱"、有名的"染井吉野"、重瓣的"山樱"等的顺序，在市场上流通到四月底左右。樱花虽然是日本花卉的典型代表，但如果与月季等的外来引进的花卉组合搭配剪短使用，可插出西式风格的插花。另外，还可作为上演春天感觉的华丽的花材而广泛使用。

告知春天的来临，是赏花时的常规花卉。与日式或西式风格的插花都可搭配。

选择张开五分程度的樱花的话，不但花瓣不易受伤，还可长时间欣赏。

选择花蕾已染上颜色较多的樱花。

樱花的吸水能力较弱，因此要将切口处纵向十字剪切以促使其吸水。

便笺贴

水养时间：7~10日
切口的处理方式：水中剪切、切口基部十字剪切法
注意要点：樱花的吸水能力较弱，因此要将切口处纵向十字剪切以促使其吸水。
搭配花材推荐：
香豌豆（P81）
花毛茛（P164）

Data

植物分类：
蔷薇科樱属
原产地：
日本
日本名：
樱花
花期：2—4月
市场流通规格：
50cm~1.5m
花朵尺寸：小·中
价格范围：
400~2000日元
花语
纯洁、恬淡、精神美、出色的美人

上市时间

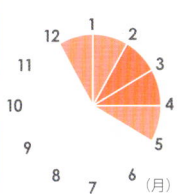

素馨

Spanish jasmine,Royal jasmine,Catalonian jasmine

素馨到了 5、6 月，就会有黄色的小花开放。虽然它是约有 300 种的茉莉花的伙伴之一，但是作为花材在市场上流通的素馨，没有像多花素馨那样的强烈的芳香。

在不开花的时期深绿色的叶子也很美，其作为切枝花材也大显身手。或是使细枝弯曲做出好像流动的线条，或是使其直立显示出其直线的美。尽情地利用它的枝条的美吧。

流动般的枝干的线条表情丰富，深绿色的叶子也很美。

若叶子进行适度的整理摘除，可显出美丽的枝干的线条。
枝干较柔软容易弯曲。

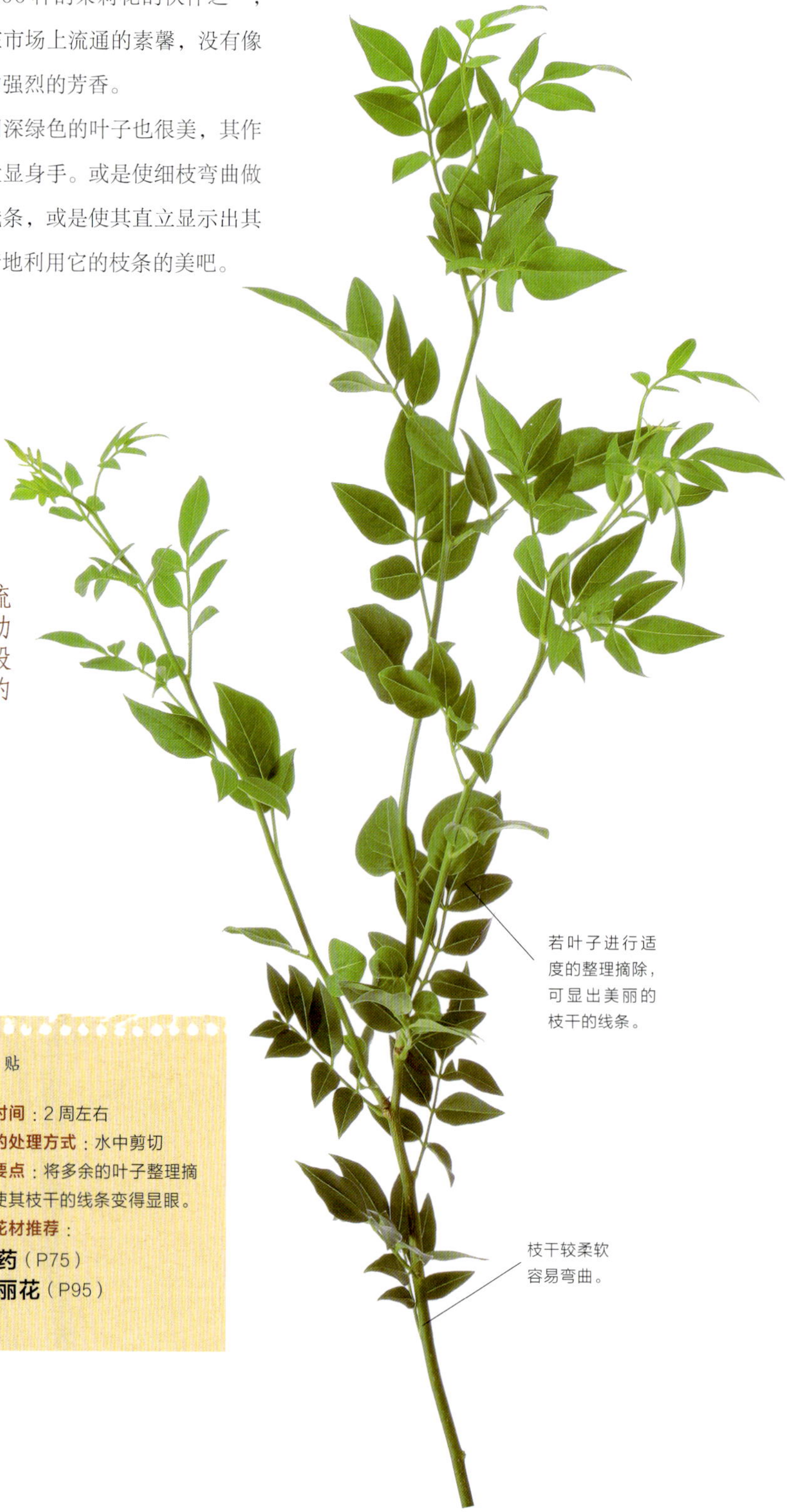

Data

植物分类：
木犀科素馨属

原产地：
印度

日本名：
素馨

花期：5—6 月

市场流通规格：
30cm~1m

花朵尺寸：小

价格范围：
300~500 日元

花语

可怜、可爱、
优美、清纯、喜悦

上市时间

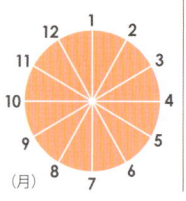

1
2
3
4
5
6
7
8
9
10
11
12
（月）

便笺贴

水养时间：2 周左右

切口的处理方式：水中剪切

注意要点：将多余的叶子整理摘除，使其枝干的线条变得显眼。

搭配花材推荐：

芍药（P75）

大丽花（P95）

黄叶日本柳杉

Japanese cedar

日本名"雪冠杉",是因为它的枝条的先端带白色,看上去像覆盖了一层薄薄的雪似的而得来的。在圣诞节的插花和花环的制作等也经常使用。

它的叶子全体为明亮的绿色,在插花时若将其插入,作品整体就会给人一种明亮的印象。还可以与其他的绿叶进行对比欣赏。

那带白色的枝条的先端,让人想起下雪的景色。可用于圣诞节的插花。

枝条的先端带白色,看上去就好像盖上了一层雪似的。

明亮的绿叶可将插花衬托得引人注目。

Data

植物分类:
杉科柳杉属
原产地:
日本
日本名:
雪冠杉、黄金杉

花期:3—4月
市场流通规格:
50cm~1m
花朵尺寸:——
价格范围:
300~500日元
花语
——
上市时间

便笺贴

水养时间:2周以上
切口的处理方式:水中剪切
注意要点:剪切枝条的分枝,可作为填补插花的空隙来使用。
搭配花材推荐:
　白球花(P142)
　绒柏(P191)

日本吊钟花

Doudan-tsutsuji

虽然是在山里自生的植物，但也普遍地存在于庭院花木中。为了能欣赏到秋天的红叶，各处的花坛都有栽植。作为花材也在市场上普遍流通。虽然变成鲜红的红叶时节也很有魅力，但那水灵的绿色的新芽也很清爽。作为花材在市场上流通很普通，虽然那时没有开花，但是在新芽的时期，好像将水壶倒过来似的清秀的小白花也有一串串向下垂吊着开放。

绿色的新芽给人以清爽的印象。

到了秋天，叶子变成红叶开始在市场上流通。

春天那清秀的小花、新芽的翠绿色到了秋天的红叶很美。

Data

植物分类：
杜鹃花科
吊钟花属

原产地：
日本

日本名：
灯台踯躅、
满天星

花期：3—5月

市场流通规格：
50cm~1.2m

花朵尺寸：小

价格范围：
300~500日元

花语
节制

上市时间

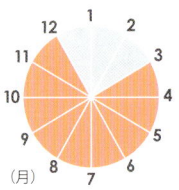

便笺贴

水养时间：1~2周
切口的处理方式：水中剪切、切口基部十字剪切法
注意要点：吸水弱的时候，要在切口处用十字剪切法促使其吸水。
搭配花材推荐：
鸡冠花（P67）
百合（P160）

插花实例

剪下枝条先端的红叶部分，与日本吊钟花同色系的鸡冠花一起搭配插在白色的器皿中。

山茶

Camellia

自古以来山茶就受到日本人的喜爱，是被推进改良的花木。江户时代在神社佛阁等地多有栽植，由此诞生了许多的品种。

山茶的丰富的花型和花色，反映了被称为"恬静·古雅"的日本特有的对美的意识。虽然山茶主要是在茶室用花和日本传统插花中受到喜爱，但在欧洲被改良的品种中也有不输于月季的豪华型。但不论怎样都要选择枝干好的山茶，叶片要进行整理摘除使得花变得显眼后再插花。

受到茶室用花和日本传统插花喜爱的充满日本风情的花木，也有豪华型的山茶。

用湿抹布擦拭叶片后，叶片就会变得很有光泽。注意叶片有表面和背面之分。

可爱的圆形花苞也可在插花时加以利用。

插花实例

在竖长的花器中插入山茶的枝条，再插入少量的红色拔葜作为点缀。

便笺贴

水养时间：3~5日
切口的处理方式：水中剪切、切口基部十字剪切法
注意要点：因花瓣容易受伤且花"脖"处易折，要小心照看。
搭配花材推荐：
多枝菊（P90）
拔葜（P202）

不仅花瓣容易受伤而且花"脖"易折，要注意照看。

Data

植物分类：
山茶科山茶属
原产地：
日本、朝鲜半岛、中国
日本名：
椿
花期：2—4月
市场流通规格：
30cm~1.5m
花朵尺寸：
中·大
价格范围：
200~800日元
花语
谨慎的爱、不加修饰的美、理想的爱情、高洁的理性、时髦
上市时间

柊树

Chinese holly

叶子的轮廓带刺是柊树的特征。它也有红色果实的品种，这在圣诞节的插花中经常使用。在节分时节，有些地方还保留着将柊树的小枝条插入沙丁鱼和小鱼的头部来消灾的风俗。

从触摸后会感到疼痛的带有尖锐的刺的叶子，到带有圆形的没有刺的叶子，柊树有很多品种。到成了老树后，刺会变钝，叶子也会变得很大。

那轮廓个性的叶子，可用于圣诞节和节分的插花。

若干燥的话叶片容易掉落，这时要用喷雾器喷水使其湿润。

叶子边缘为带有锯齿的刺，碰触到会感到疼痛。

若将重叠在一起的叶片进行适度整理摘除，看上去就会比较清爽。

Data

植物分类：
木犀科
木犀属

原产地：
日本、中国台湾

日本名：
柊

花期：11月

市场流通规格：
30~80cm

花朵尺寸：小

价格范围：
200~500 日元

花语：
先见之明、欢迎、注意、刚直

上市时间
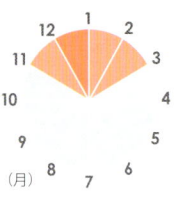
(月)

便笺贴

水养时间：7~10 天

切口的处理方式：水中剪切

注意要点：干燥的话叶片容易掉落，这时要用喷雾器等进行水分补给

搭配花材推荐：
绒毛饰球花（P117）
银叶菊（P224）

南天竹

Nandina,Heavenly bamboo

在日本的山地自生的植物。因为名字的发音与"转变苦难"相通，所以作为正月和喜事用的吉利灌木而被当作珍宝。在雪国，孩子们把南天竹的红色果实作为眼睛，把叶子作为立起来的耳朵，来制作雪兔。

叶片细长的形状给人以纤细的印象。到了秋天变成的红叶将成熟的红色果实围起来，很引人注目。虽然红色果实较为普遍，但也有黄色和白色的果实的品种。

要注意果实容易零散掉落。

特别是到了冬天枝条因为干燥变得易折。

作为喜事用的吉利灌木。那漂亮的红色果实和叶子，给插花增添色彩。

便笺贴

水养时间：10天左右
切口的处理方式：水中剪切、切口锤击法
注意要点：枝条硬但较脆，特别是冬天枝条易折，要小心照看。
搭配花材推荐：
　大花蕙兰（P78）
　腺柳（P176）

Data

植物分类：
小檗科南天竹属
原产地：
东南亚、日本、中国
日本名：
南天
花期：6—7月
市场流通规格：
60cm~1m
花朵尺寸：小
价格范围：
800~1000日元

— 花语 —
我的爱在不断增加

— 上市时间 —

贴梗海棠
Flowering quince

那轻飘飘的小花很秀气，是早春就上市的花木。

在那有力量的分叉的枝条上，开着轻飘飘的圆形的小花。春天未到，在还是寒冷的正月期间就已经开始上市流通。

贴梗海棠有很多品种，单瓣和重瓣、也有半重瓣的花。花色也从白色和淡红色、深红色到复色等，花色变化丰富。也有红白的花在一个枝条上开放的品种，大家喜欢在喜宴上使用。另外，花不易凋谢，若是进行充分吸水花蕾也能开花。

花容易一片片零散掉落，要小心照看。

有的品种枝条也有刺，使用时要小心。

Data
植物分类：
蔷薇科木瓜属
原产地：
中国
日本名：
木瓜、
毛介
花期：1—3月
市场流通规格：
50cm~1m
花朵尺寸：小·中
价格范围：
500~800日元
花语
热情、妖精的光辉、先驱者、领导人、平凡
上市时间

便笺贴
水养时间：7~10天
切口的处理方式：水中剪切、切口基部十字剪切法
注意要点：有刺，要小心照看。
搭配花材推荐：
水仙（P80）
多枝菊（P90）

插花实例

在给人以温暖感觉的白色陶瓷杯中，插入剪短的带有花和花蕾的贴梗海棠，做成迷你插花。

绒柏

Sawara cypress

青绿色的叶子很美。
在插花和制作花环时使用，
可上演冬天般的气氛。

绒柏是日本自生的常绿树。特别是作为圣诞期间的花材在插花和制作花环等时经常使用。像细针形的线状的叶子，为青绿色。虽然在没有水的状态下也可以长期保持长久，但大概一个月左右就会褪色。染成绿色的干花和保鲜花也在市场上流通，推荐想长时间欣赏的时候使用。

一个月左右会褪色。

叶子为青绿色。

便笺贴

水养时间：1个月以上
切口的处理方式：水中剪切
注意要点：在制作花环等时，在没有水的情况下也可以使用。
搭配花材推荐：
柊树（P188）
月季（P120）

插花实例

用绒柏制作而成的圣诞树的插花。将形状整理后，插入预先放入花泥的花器中。

Data

植物分类：
柏科扁柏属
原产地：
日本
日本名：
姬榁杉
花期：——
市场流通规格：
50~80cm
花朵尺寸：——
价格范围：
300~500日元

花语
——

上市时间

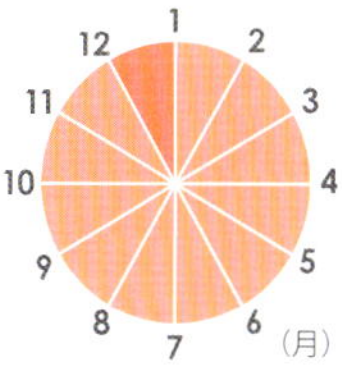

松树 Pine

在日本的山野中自生，对日本人来说是很熟悉的有代表性的树木。因为一年都保持着翠绿，自古以来就作为健康和长寿的象征，在生活中受到人们的喜爱。那直立向上伸长的身姿像是注入了对子孙繁荣和对未来的发展的祈愿，经常被利用作为正月和喜事的花材。

在插花时若是加上一支松树枝，那全体的风格就会立马得到提升。另外它还能长期保持新鲜的状态也是其魅力所在。

那直立向上伸长的树形是生命力和未来的象征。在正月和喜事时被利用。

Data

植物分类：
松科松属
原产地：
北半球
日本名：
松
花期：4月
市场流通规格：
30cm~1m
花朵尺寸：——
价格范围：
200~1500日元
花语
不老的长寿、永远的年轻、上进心、勇敢、同上、慈悲

上市时间

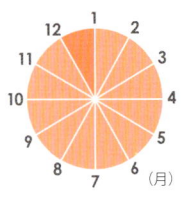

便笺贴

水养时间：1个月以上
切口的处理方式：水中剪切
注意要点：因从切口处会有树脂流出，可用酒精擦取。
搭配花材推荐：
菊花（P52）
草珊瑚（P207）

精油

插花实例

因花器和水引都是金色，即使使用少量的花材，也可以完成门第高贵的插花。

幼松

流出的松脂用酒精擦取后再插花。

从切口处有松脂流出，使用时注意不要沾到衣服上。

松树品种目录

叶子五针一束,被起名为"五叶松"。

在松树中叶子长得最长的是"大王松"。

叶子部分为绿色和黄色,像蛇的眼睛一样,被起名为"蛇目松"。

根据种类不同有各种各样的叶子。从左开始为幼松、蛇目松、五叶松。

插花实例

幼松、新南威尔士州角瓣木、拔葜、银叶菊等一起搭配成正月插花。

日本冷杉
Fir

在冬季一直保持常绿，为常绿针叶树。日本冷杉为松树的伙伴，新鲜的枝条带有清爽的香味。因常被利用作为圣诞树而出名。小枝条除了可制作圣诞树外还可作为花环的材料和制作插花的切叶来使用，上演圣诞气氛。

枝条干燥的话，叶子容易掉落和变色，因此要勤用喷雾器喷水使其湿润。

> 树的香味芬芳。代表圣诞季节的切枝花材。

便笺贴

水养时间：1个月以上
切口的处理方式：水中剪切
注意要点：从切口处会有松脂流出，可用酒精擦取。另外为了避免枝条干燥，要用喷雾器喷水来使其保持潮湿状态。
搭配花材推荐：
朱顶红（P24）
绒柏（P191）

干花　精油

插花实例

在碟上放置好吸水充分的花泥，插入分枝的日本冷杉和绒柏、橄榄树的果实组合搭配成圣诞风格的插花。

因为枝条容易弯曲，可利用其制作花环。

为防止干燥用喷雾器喷水使其湿润，枝条可保持长久。

Data

植物分类：
松科冷杉属
原产地：
日本
日本名：
樅
花期：4—6月
市场流通规格：
30cm~1m
花朵尺寸：——
价格范围：
300~800日元
花语
时间、时机、真实、高尚、晋升

上市时间

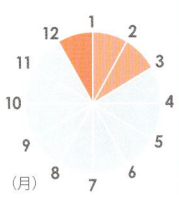

银荆

Mimosa

可爱的小花开满枝头。是告知春天来临的花儿。

圆圆的黄色的小花轻飘飘地开满在枝条上，给人以浪漫的印象。其作为象征春天的花儿被世界各地的人们所喜爱，法国还举办有贝利氏相思花节的活动。

银荆有很多品种，在日本经常在市场上流通的是"贝利氏相思树"。成簇的带白色的叶子表情优雅，花后作为绿叶也在市场上流通。

因花蕾不易开放，要挑选花开得多的银荆。

因花会掉落，注意不要对风吹。

便笺贴

水养时间：1~3天
切口的处理方式：水中剪切、灼烧法、切口锤击法
注意要点：吸水较差的时候将切口基部进行锤击或是将切口基部剪成十字来促使其吸水。另外，花容易掉落，避免风吹。
搭配花材推荐：
冰岛罂粟（P12）
郁金香（P97）

干花　百花香

插花实例

带青色的像天空般水色的花器中插满含羞草。其适合装饰在向阳的较好的场所。

Data

植物分类：
豆科金合欢属
原产地：
澳大利亚
日本名：
银叶
花期：1—4月
市场流通规格：
30cm~1m
花朵尺寸：小
价格范围：
300~500日元
花语
友情、感情的

上市时间

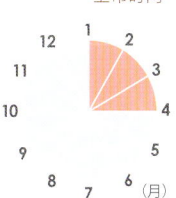

195

槲寄生

Mistletoe

槲寄生是在日本水青冈和橡木等的落叶阔叶树上半寄生的植物。因在成为寄主的树的枝条上，寄生在像鸟巢那样的繁茂处得名。在欧洲槲寄生被当作神圣的植物而受到信任，是夫妻和解的象征。传说在槲寄生下接吻的情侣，会幸福到永远。橡胶似的质感的茎上长着螺旋桨似的叶子的小枝条，作为圣诞节的装饰很普遍。另外长有白色和成熟变红的果实的小枝条也在市场上流通。

> 螺旋桨似的叶子很可爱！圣诞节的象征的花材。

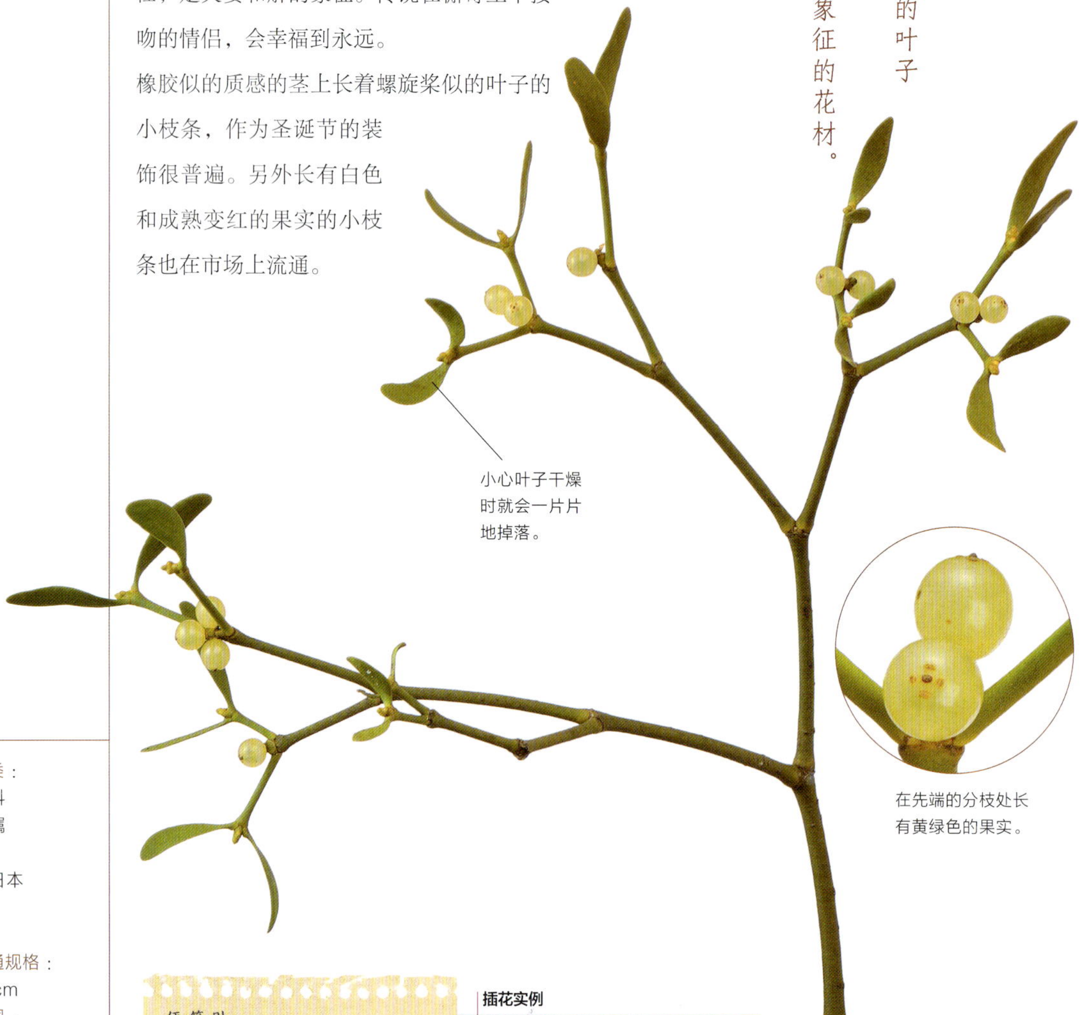

小心叶子干燥时就会一片片地掉落。

在先端的分枝处长有黄绿色的果实。

若吸水充分，可使枝条保持一个月。

Data

植物分类：
槲寄生科
槲寄生属

原产地：
欧洲、日本

日本名：
寄生木

市场流通规格：
30~40cm

价格范围：
200~400日元

花语
克服困难、征服

上市时间

便笺贴

水养时间： 3~4 周
切口的处理方式： 水中剪切
注意要点： 干燥时叶片容易掉落，勤用喷雾器喷水使其湿润。
搭配花材推荐：
朱顶红（P24）
康乃馨（P41）

插花实例

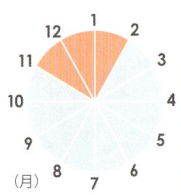

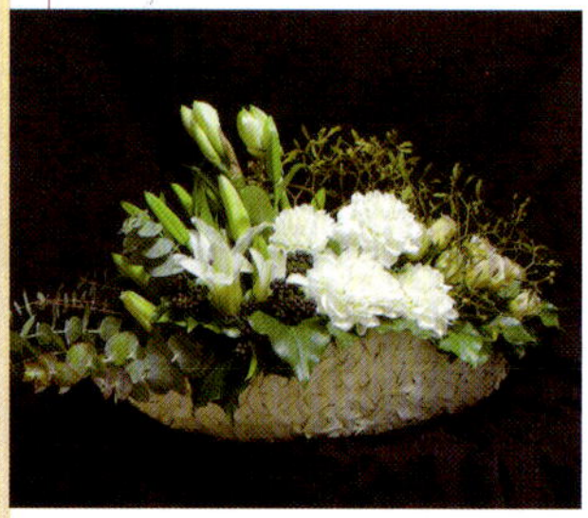

白色花分组插入插花中。槲寄生的中间色将白色和绿色进行了连接和调和。

花桃

Peach

花桃是女儿节不可缺少的花材。在中国和日本,自古以来人们相信花桃是具有驱邪的力量的神圣的树。其品种丰富,除了一般开粉色花的"大矢口"外,还有在同一枝条上开红白花的"源平"、花形与菊花相似的"菊瓣桃"等常在市场上流通。因为枝条较难弯曲,插花时直接使用为宜。勉强将其弯曲的话,小心花会掉落。

如果使用切花的延命剂,花蕾也容易开放。

鲜艳的粉色的重瓣品种。

用于切花的较早开花的花桃,其花瓣容易掉落。

圆胖的粉色小花很可爱。作为女儿节的花材使用。

枝条较难弯曲。不要勉强将其弯曲。

便笺贴

水养时间:7~10天
切口的处理方式:水中剪切、切口基部十字剪切法
注意要点:切口基部进行十字剪切后再放入水中进行吸水,可使花期保持长久。
搭配花材推荐:
香豌豆(P81)
欧洲油菜(P112)

Data

植物分类:
蔷薇科桃属
原产地:
中国
日本名:
桃、花桃
花期:2—4月
市场流通规格:
50cm~1m
花朵尺寸:小·中
价格范围:
400~700日元
花语
脾气好、可爱的、被你迷住、爱情的奴隶

上市时间

欧丁香
Lilac

白色的穗状的花在枝条先端开放。那美丽的花姿和独特的甜甜的芳香被大家所喜爱，在欧洲的公园和庭院中经常可见种植。

在花的下面生长的叶子也像群集一样。虽然心形的叶子给人以可爱的印象，但也有不带叶就上市流通的情况。欧丁香的枝条粗硬而不能弯曲。

日本国产品种的切花，虽然在5~6月左右以带叶的状态在市场上流通，但进口的欧丁香是仅有花和枝条且不带叶为主流。除了单瓣的品种外，也有重瓣的品种。

那轻飘飘的穗状的花，既华丽又带着甜甜的浪漫的香味独具魅力。

Data

植物分类：
木犀科
丁香属
原产地：
欧洲东部
日本名：
紫丁香花
花期：4—5月
市场流通规格：
30cm~1m
花朵尺寸：小
价格范围：
500~1200日元

花语
友情、回忆、初恋的感激、爱的萌芽、青春的喜悦、天真

上市时间

便笺贴

水养时间：3~7天
切口的处理方式：水中剪切、灼烧法、切口基部十字剪切法
注意要点：若切口处纵向剪切成十字，花期可长久保持。
搭配花材推荐：
欧洲木绣球"玫瑰"（P91）
康乃馨（P41）

插花实例

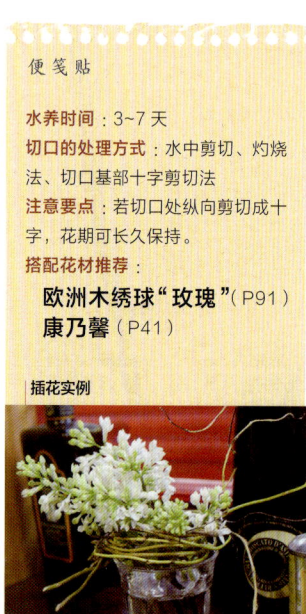

将剪切的分枝插入玻璃杯中，玻璃杯口用龙爪柳来缠绕。

粗硬的枝条难于剪切。

因为水分容易丧失，要在切口处纵向剪切成十字后，再浸泡于深水中促使其吸水。

先端呈十字形裂开的筒状的小花集中在一起开放。

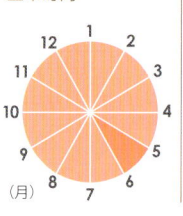

白色的花给人以清秀的印象。

珍珠绣线菊

Thunberg spirea

弯曲成弓状且向下垂的细枝上密密麻麻地开满了白色的小花，那姿态宛如积雪的柳树。可欣赏到和的情趣且作为早春的花木，在园艺中也受到欢迎。

过了盛花期，花就容易零散的掉落，使用时要注意。装饰的场所也要考虑。开花过后的新芽和绿叶也非常美丽，在夏秋两季作为切叶在市场上流通。

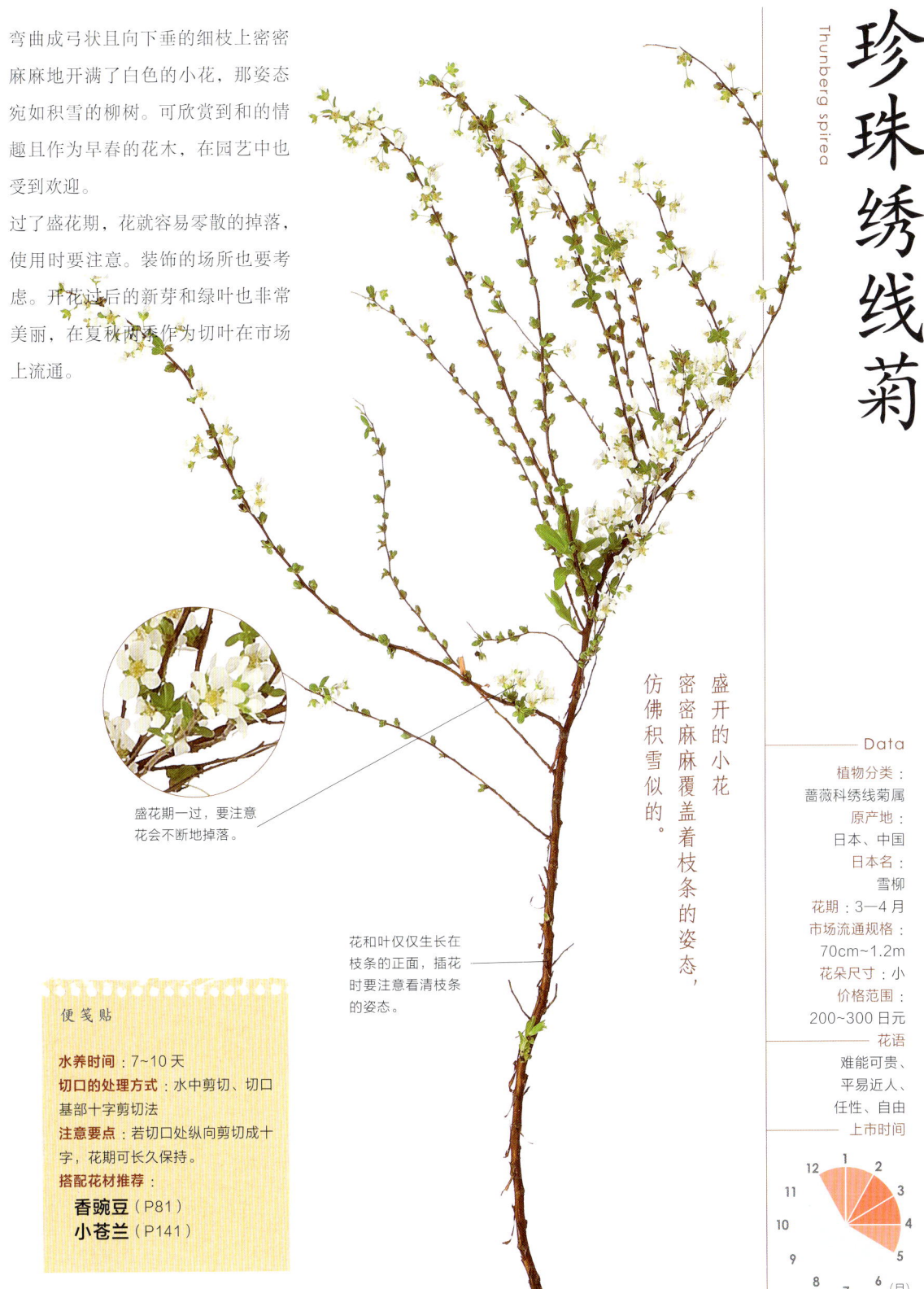

盛花期一过，要注意花会不断地掉落。

花和叶仅仅生长在枝条的正面，插花时要注意看清枝条的姿态。

盛开的小花密密麻麻覆盖着枝条的姿态，仿佛积雪似的。

便笺贴

水养时间：7~10 天
切口的处理方式：水中剪切、切口基部十字剪切法
注意要点：若切口处纵向剪切成十字，花期可长久保持。
搭配花材推荐：
　香豌豆（P81）
　小苍兰（P141）

Data

植物分类：
蔷薇科绣线菊属
原产地：
日本、中国
日本名：
雪柳
花期：3—4 月
市场流通规格：
70cm~1.2m
花朵尺寸：小
价格范围：
200~300 日元

花语
难能可贵、平易近人、任性、自由

上市时间

蜡梅

Winter sweet

在还是寒冷的早春,那可爱的黄色的花儿就会绽放。如同用汉字写的"蜡梅"的花名,黄色的花瓣像具有半透明的蜡质质感似的。花名中虽然有"梅"字,但与蔷薇科的梅是不同的品种。蜡梅在日本江户时代初期从中国传入,作为庭院花木和切花被大家所熟悉。蜡梅也带有微微的芳香,给插花带来早春的气息。

像涂上蜡似的半透明的花瓣很可爱!
那微微的香气在告知春天的到来。

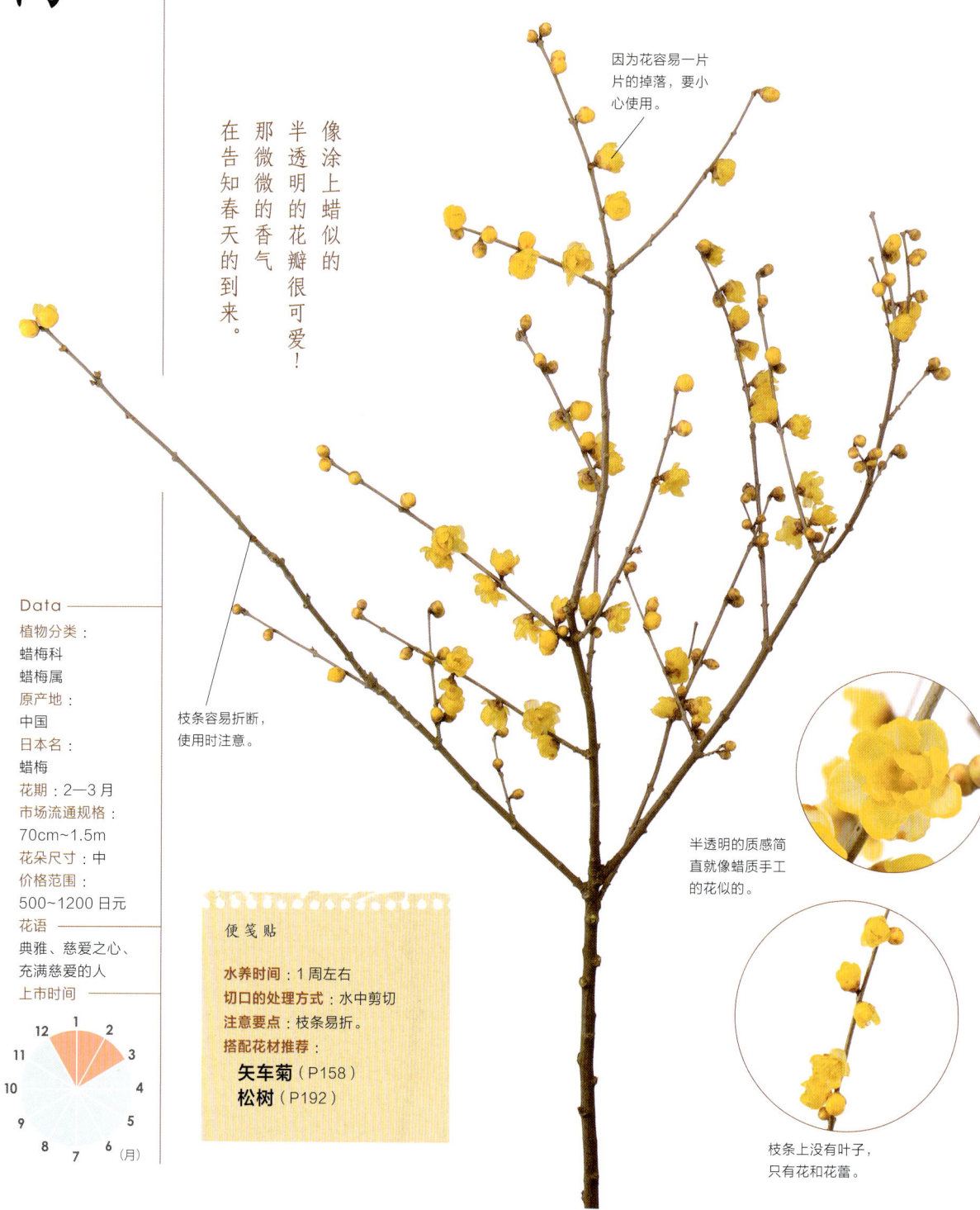

因为花容易一片片地掉落,要小心使用。

枝条容易折断,使用时注意。

半透明的质感简直就像蜡质手工的花似的。

枝条上没有叶子,只有花和花蕾。

Data

植物分类:
蜡梅科
蜡梅属
原产地:
中国
日本名:
蜡梅
花期: 2—3月
市场流通规格:
70cm~1.5m
花朵尺寸: 中
价格范围:
500~1200日元
花语
典雅、慈爱之心、充满慈爱的人
上市时间

便笺贴

水养时间: 1周左右
切口的处理方式: 水中剪切
注意要点: 枝条易折。
搭配花材推荐:
矢车菊(P158)
松树(P192)

切

果

篇

菝葜 Catbrier

虽然在花店等地方"山归来"这个名字很普遍，但也有"猿捕茨"这个别名，传说在山野中到处奔走的猴子被菝葜的带刺的蔓性枝条卡住抓到而得来的。菝葜的枝条上每一节都会打折弯曲，在分枝的先端集中长有十几个呈放射状生长的果实。

书中的照片为秋冬上市的红色果实。在制作圣诞花环时经常使用。到了夏天，长着青色的果实和叶子的菝葜也在市场上流通。

蔓性的枝条一边在每一节都打折弯曲一边伸长。

枝条上有小刺，使用时要注意。

秋冬上市的红色果实和夏天上市的青色果实，在制作花环时也推荐使用。

与实物等大！

直径5~8mm的圆形果实呈放射状生长。

Data

植物分类： 百合科菝葜属
原产地： 日本、中国、东亚
日本名： 山归来、猿捕茨
市场流通规格： 80cm~1m
果实尺寸： 中
价格范围： 300~800 日元
花语： 不屈的精神、变得精神
上市时间：

便笺贴

水养时间： 10天~2周
切口的处理方式： 水中剪切、深水法
注意要点： 带有叶子的枝条水分容易丧失，在深水中浸泡后再使用。
搭配花材推荐：
红瑞木（P182）
日本冷杉（P194）

插花实例

到了夏天，将上市的菝葜的青色的果实陪衬插在陶器的花器中。菝葜的圆形的叶子也很可爱。

圆锥椒

Conical black

长着光洁可爱的像普通的话梅似的大而乌黑的果实，是观赏用的辣椒的一种。果实的颜色从最初的绿色骤变成黑色、到最后变成红色和橙色。那不可思议的颜色的变化也是这种植物的欣赏之处。

观赏用的辣椒的种类，一般在上市时都被摘除掉叶子。圆锥椒也不例外。
因为果实集中长在茎的先端，所以在插花时仅仅插入一支圆锥椒，看上去就好像是将许多辣椒集中插入似的，很是便利。

光洁可爱的黑色果实具有像青椒似的气味。

光洁可爱的亮晶晶的黑色果实，可使整个插花作品产生凝聚感。

圆锥椒是以除掉叶子后的状态在市场上流通的。这种样子也可直接变成干花。

便笺贴

水养时间：10天~2周
切口的处理方式：水中剪切
注意要点：在插花时为了能看见果实，要将其插在低矮的地方。
搭配花材推荐：
　虎眼万年青（P39）
　马蹄莲（P49）

Data

植物分类：
　茄科辣椒属
原产地：
　非洲热带地区
日本名：
　唐辛子
市场流通规格：
　30~50cm
果实尺寸：大
价格范围：
　200~300日元

花语
　老朋友、嫉妒、
　生命力

上市时间

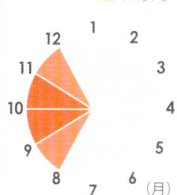
（月）

醋栗

Currant, Gooseberry

到了初夏就开始有自然成熟的果实上市流通。像红宝石那样的红色透明的小果实长得像葡萄似的。在花变少的夏天那色彩就起到点缀强调的作用。它那边缘有锯齿的翠绿色的叶子也让人感到清凉，可充分利用。稍微间隔地摘除叶片，要注意不要将好不容易长成的果实埋在叶片中。吸水较差时，可在切口处纵向将茎剪成十字以促使其吸水。

> 带有透明感的红色成串的果实，映照着初夏的插花。

叶子干燥的话就会变色掉落，因此要预先间隔摘除叶子。

长得像成串的葡萄似的小红果。

叶子像张开的手掌。

Data

植物分类：
虎耳草科
茶藨子属

原产地：
欧洲

日本名：
酸塊

市场流通规格：
50cm~1m

果实尺寸：小

价格范围：
300~500 日元

花语
幸福降临、
预想、
我让你高兴

上市时间
（月）

便笺贴

水养时间：5~7 天
切口的处理方式：水中剪切、切口基部十字剪切法
注意要点：叶子多时，若间隔地去除叶子，吸水力会增强。当吸水较差时，可在切口处进行纵向十字剪切，以促使其充分吸水。
搭配花材推荐：
洋桔梗（P107）
百合（P160）

雪果

Snowberry

小花开放在细枝的先端上，花后果实长成串儿。在花店等地方一般是以带有果实的状态上市出售的。白色和粉色果实的甜蜜温柔的气氛很受人喜欢，最近在新娘捧花中也经常使用。
在花束中加入此花时，若干燥叶子会变黑，要将变黑的叶子除去。叶子越少越能显出果实的存在感。

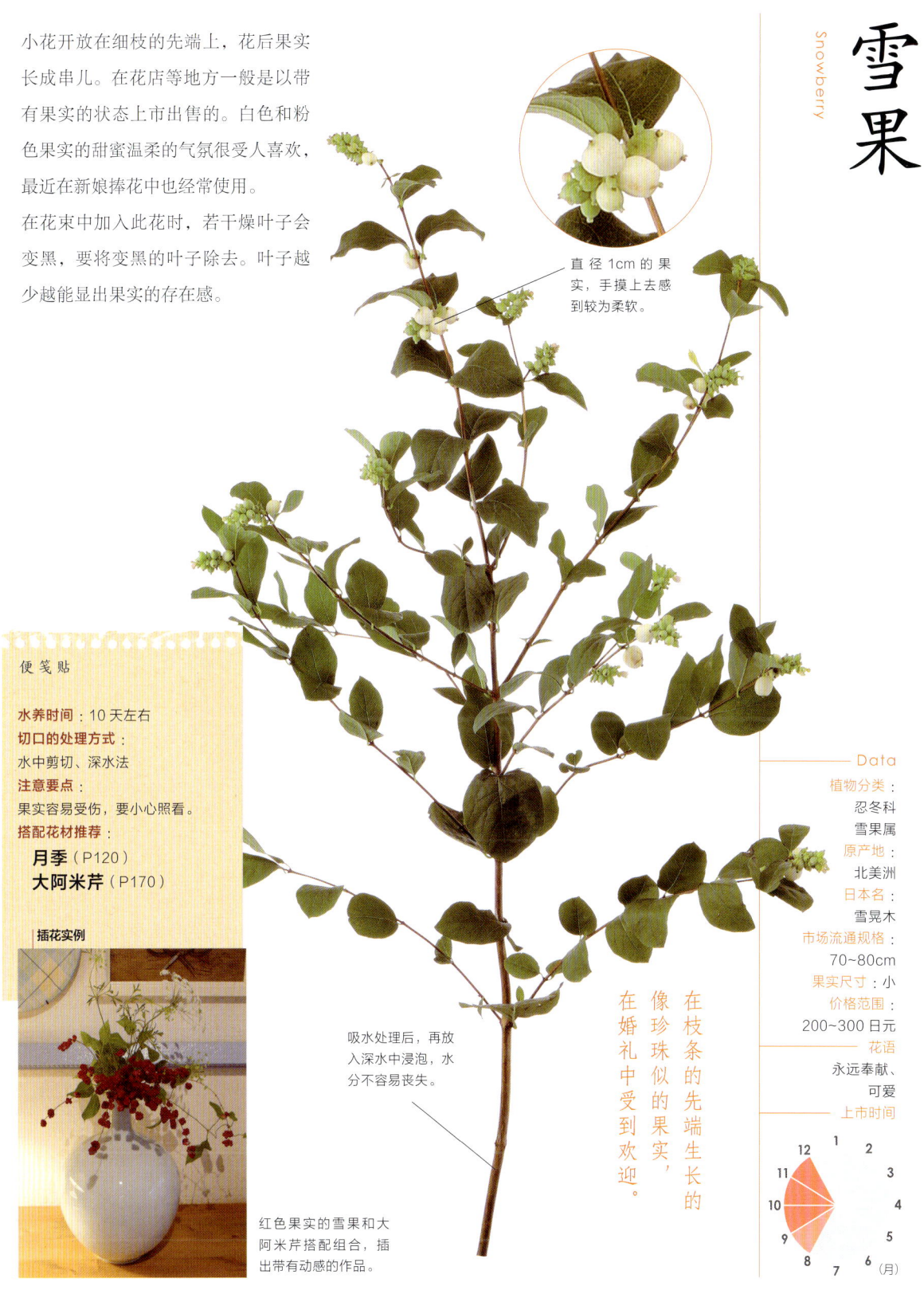

直径1cm的果实，手摸上去感到较为柔软。

在枝条的先端生长的像珍珠似的果实，在婚礼中受到欢迎。

吸水处理后，再放入深水中浸泡，水分不容易丧失。

红色果实的雪果和大阿米芹搭配组合，插出带有动感的作品。

便笺贴

水养时间：10天左右
切口的处理方式：
水中剪切、深水法
注意要点：
果实容易受伤，要小心照看。
搭配花材推荐：
月季（P120）
大阿米芹（P170）

插花实例

Data

植物分类：
忍冬科
雪果属
原产地：
北美洲
日本名：
雪晃木
市场流通规格：
70~80cm
果实尺寸：小
价格范围：
200~300日元

花语

永远奉献、可爱

上市时间

12 1 2 3 4 5 6 7 8 9 10 11 （月）

蓝花茄

Blue potato bush

作为观赏用的果实"蓝花茄"，也以"花茄"的名字在市场上流通。蓝花茄的果实与其说与茄子不如说与圣女果的形状相似，随着果实的成熟，它从白色变成黄色、橙色、最后变成红色。

虽然在大型插花中带着枝条插入给人以一种野性的气氛，但将分枝剪切插入时注意不要让切口太显眼，用其它的花材和切叶进行遮挡。

果实是观赏用的茄子。像圣女果那样的果实从白色到黄色、再变化到红色。

与实物等大！

直径2~3cm 的果实成熟后颜色会发生变化。

分枝剪切后，注意白色的切口会很显眼。

Data

植物分类：
茄科茄属
原产地：
非洲
日本名：
平茄子
市场流通规格：
1m
果实尺寸：大
价格范围：
300~500 日元
花语
天真无邪
上市时间

便笺贴

水养时间：5~10 天
切口的处理方式：水中剪切
注意要点：枝上果实过多时，保证果实与枝条的平衡的同时间隔摘除果实后再插花。
搭配花材推荐：
向日葵（P132）
堆心菊（P149）

草珊瑚

Senryou

从"千两"这个名字与带有光泽的红色果实来看，草珊瑚被作为吉利植物，在正月的插花中是不可缺少的花材。虽然在往常草珊瑚是朝横向扩展培育的，但作为切花上市的草珊瑚是茎变得直立，一支一支被矫正生长的。因为非常花费精力，所以价格并不便宜。放置在不太寒冷的场所中可使果实保持一个月左右。将茎的先端或锤击打碎或折断扩大断面积的话，更能使果实保持长久。

草珊瑚不但适合日式插花，也适合西式插花。

正月里不可缺少的带有吉利意义的花材。西式插花也经常使用。

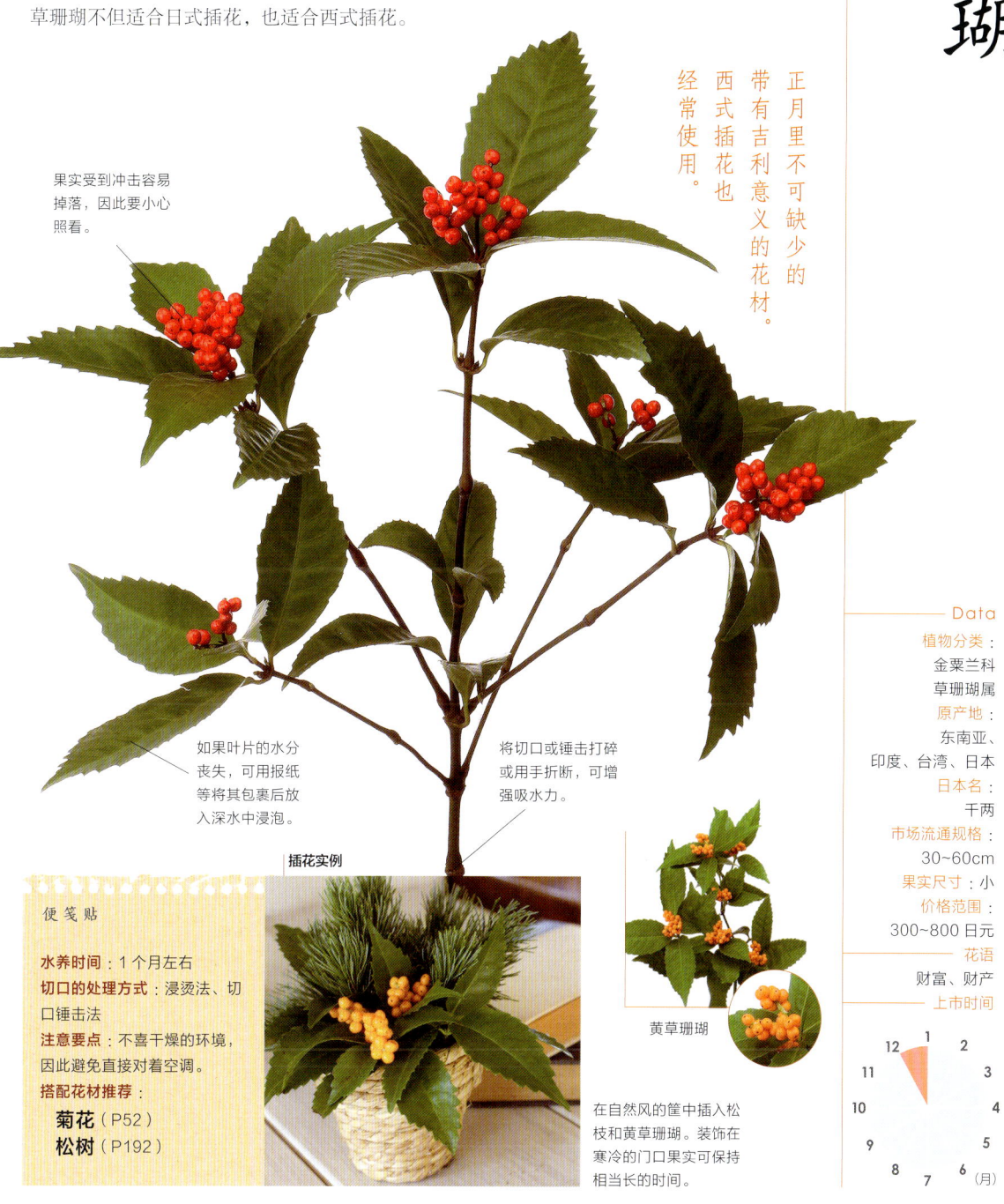

果实受到冲击容易掉落，因此要小心照看。

如果叶片的水分丧失，可用报纸等将其包裹后放入深水中浸泡。

将切口或锤击打碎或用手折断，可增强吸水力。

插花实例

在自然风的筐中插入松枝和黄草珊瑚。装饰在寒冷的门口果实可保持相当长的时间。

黄草珊瑚

便笺贴

水养时间：1个月左右
切口的处理方式：浸烫法、切口锤击法
注意要点：不喜干燥的环境，因此避免直接对着空调。
搭配花材推荐：
菊花（P52）
松树（P192）

Data

植物分类：
金粟兰科
草珊瑚属
原产地：
东南亚、印度、台湾、日本
日本名：
千两
市场流通规格：
30~60cm
果实尺寸：小
价格范围：
300~800日元

花语
财富、财产

上市时间
12月~1月（月）

野蔷薇果
Rose hip

被称为花中女王的蔷薇，花后的果实也受到欢迎。从绿色的果实到成熟的红色果实，枝条上都是以摘除掉叶子的状态在市场上流通的。

代表性的蔷薇果实有野蔷薇的果实和紫叶蔷薇的果实。从夏末开始，野蔷薇的绿色果实就上市流通，作为插花和花束的配角来使用。到了秋天，紫叶蔷薇的红色果实也上市流通，它代表着秋天。那红色的果实像铃铛似的，演出季节感。

野蔷薇的花后的果实也受到欢迎，日式和西式的插花都可以使用。

便笺贴
水养时间：2周左右
切口的处理方式：切口锤击法
注意要点：
植物有刺，使用时要注意
搭配花材推荐：
蒲苇（P130）
红叶的
日本吊钟花（P186）

干花

插花实例

各种各样形状和大小不一的玻璃瓶排列放置，将野蔷薇果和波斯菊随意插入其中。

野蔷薇的果实。除了直径5~6mm的小红果实在市场上流通外，绿色的果实也在市场上流通。

紫叶蔷薇。直径1.5cm的红色果实像铃铛一样向下垂。

Data
植物分类：
蔷薇科
蔷薇属
原产地：
北半球
日本名：
蔷薇的实
市场流通规格：
50cm~1m
果实尺寸：小
价格范围：
300~500日元
花语
正义感、诚实、无意识的美、悲伤而美丽
上市时间

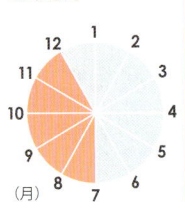

可欣赏到在弯曲的蔓条上长着橙色的果实的，具有秋天气息的花材。虽然是蔓性的植物，但因为柔韧而容易使用。可一圈圈地缠绕成花环，还可以直接变成干花使用。

果实成熟后外表皮裂成三瓣，可以看到里面的橙色的果实，这叫假种皮。在这里面藏着小而素净的真正的果实（种子）。

南蛇藤

Oriental bittersweet

橙色的果实和弯曲的蔓条的表情都能欣赏到。

绿色的外表皮裂开后，就可看到橙色的果实。

便笺贴

水养时间：2周左右
切口的处理方式：水中剪切
注意要点：果实容易零散地掉落，要小心照看。
搭配花材推荐：
向日葵（P132）
龙胆花（P169）

干花

插花实例

由于是蔓性植物，可欣赏到弯曲的线条。

利用成熟前的长着绿色果实的南蛇藤的线条，与剪短的矮插的向日葵一起搭配。

Data

植物分类：
卫矛科
南蛇藤属
原产地：
日本、朝鲜
日本名：
蔓梅擬
市场流通规格：
1~1.5m
果实尺寸：小
价格范围：
500~800日元

花语
真实、强运、走运、努力、大器晚成

上市时间

欧洲琼花（地中海荚蒾）

Viburnum

虽然在春天开白色的花，但作为花材在市场上流通的是秋天才登场的果实。"地中海荚蒾"的深青紫色的果实闪耀着金属的光泽，"欧洲琼花"的果实为鲜艳的红色。哪一种都是"欧洲木绣球'玫瑰'"的伙伴。

在插花和花束中插入时要将其剪短，使果实变得显眼。不同种类种的吸水力都较好，只要在水中剪切就可以了。

深青紫色的果实和鲜红的果实，哪一种都像宝石似的。

叶形椭圆，叶片不大。

"地中海荚蒾"的深青紫色的果实直径大约1cm。被称为"青珍珠"。

便笺贴

水养时间：1周左右
切口的处理方式：
注意要点：插花使用时，为使果实显眼要将其剪短。
搭配花材推荐：
大丽花（P95）
木百合（P167）

 干花

插花实例

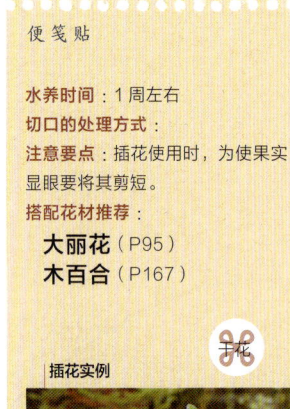

将水色的水壶作为花器，地中海荚蒾和木百合搭配自然的插入其中。

Data

植物分类：
忍冬科
荚蒾属
原产地：
东亚、
欧洲
日本名：——
市场流通规格：
50cm
果实尺寸：小
价格范围：
300~800日元
花语
凝视着我
上市时间

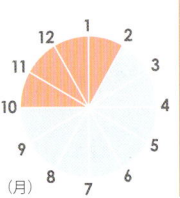

叶大，边缘有锯齿。

"欧洲琼花"的果实的直径大约1cm。颜色的变化从绿色到黄色、橙色、最后为红色。

射干

Blackberry lily

"桧扇"这个名字，据说是因为叶子像张开的桧扇那样的形状而得来的。虽然它在夏天开橙色的花，但在市场上流通的多数是花后长出的像气球似的竖型果实。若将果实集中在一起插花，可插出独特的点缀的效果。

果实裂开后，黑色的种子也作为干花花材在市场上流通。

与实物等大！

那3cm长的果实好像淡绿色的气球。

像竖长的气球似的果实，独一无二。将其集中在一起插花。

摘除掉叶子，只剩下果实在插花时使用。

便笺贴

水养时间：5~7 天
切口的处理方式：水中剪切
注意要点：茎剪切后有白色汁液流出，注意其会有使皮肤红肿发痒的情况。
搭配花材推荐：
　虎眼万年青（P39）
　唐菖蒲（P58）

干花

Data

植物分类：
鸢尾科
射干属
原产地：
日本、中国
日本名：
桧扇
市场流通规格：
50cm
果实尺寸：大
价格范围：
200~400 日元

花语
诚实、诚意、个性美

上市时间

211

五指果

Nipple fruit

晃动的果实的颜色和形状简直就像是狐狸的脸似的。与"蓝花茄"（P207）同样都是观赏用的茄子的伙伴。

作为长条的切枝花材在市场上流通，插入与秋天的花材组合成的大型的插花中很调和，与万圣节的迷你南瓜一起组合搭配也不错。用心考虑一下如描画眼睛和鼻子等的带着游玩之心的快乐的装饰方式吧。

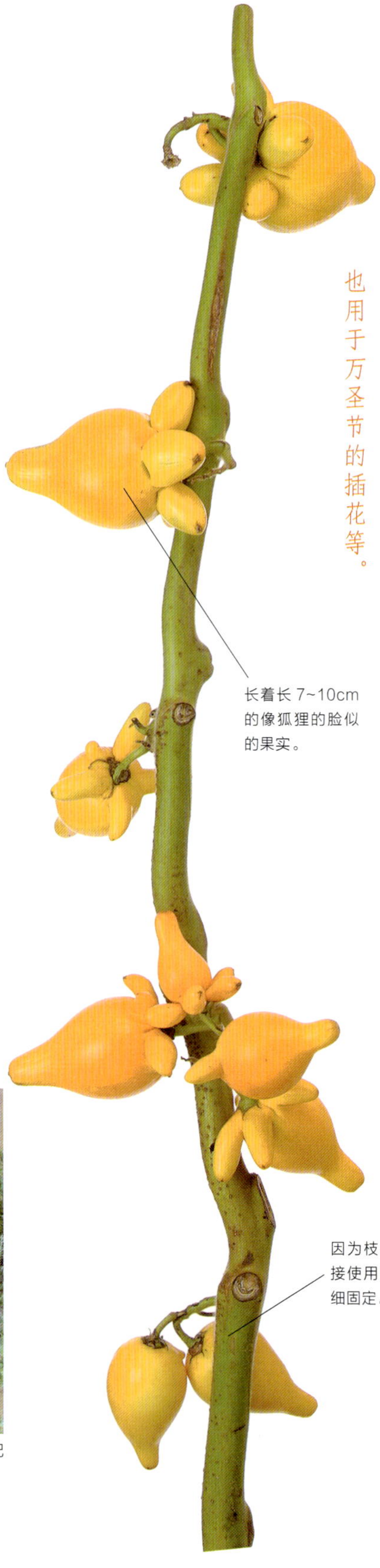

长着狐狸的脸似的巨大的果实，也用于万圣节的插花等。

长着长 7~10cm 的像狐狸的脸似的果实。

因为枝条粗重，直接使用时要将其仔细固定。

便笺贴

水养时间：1 个月以上
切口的处理方式：水中剪切
注意要点：因枝条粗重，要将其好好固定。
搭配花材推荐：
鹤望兰（P89）
木莓（P178）

插花实例

将剪下的五指果与绒柏和观赏用的南瓜一起搭配制作万圣节的插花。

Data

植物分类：
茄科
茄属

原产地：
中非・南非、
美洲热带地区

日本名：
角茄子

市场流通规格：
1~1.5m

果实尺寸：大

价格范围：
500~700 日元

花语：
虚伪的话语、
我的思念

上市时间

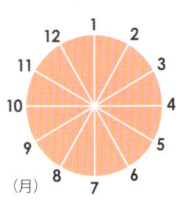

（月）

红果金丝桃

Tutsan

红果金丝桃的特征是在像橡果那样形状的果实下长着绿色的花萼。朝上的果实长在分枝的顶端。粉色和米色、明亮的绿色等，从淡雅的柔和色调到红色和茶色的深色色调的变化很丰富。而且果实的颜色随着成熟而发生变化，因此也有果实的颜色发生微妙的渐变的品种。

红果金丝桃与可爱的野花一起组合搭配，可插出自然的插花作品和花束。

形状像橡果的果实很可爱，色彩的变化也很丰富。

在剩下绿色的花萼的状态下果实就成熟了。

作为切叶的大叶片在插花时很方便。

注意湿气多的话叶子和果实会变黑。

绿色的果实也受到欢迎。

便笺贴

水养时间：1~2 周左右
切口的处理方式：水中剪切
注意要点：湿气多时叶子和果实会变黑，因此要装饰在通风良好的场所。
搭配花材推荐：
柔毛羽衣草（P26）
月季（P120）

插花实例

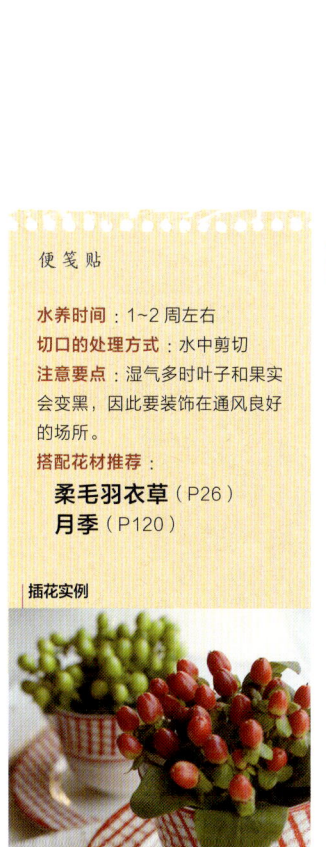

将红果金丝桃剪切成同样的长度后插满茶杯。红色与绿色的果实组成一组用于圣诞节也很合适。

Data

植物分类：
藤黄科
金丝桃属
原产地：
以北半球为中心的温带
日本名：
小坊主弟切
市场流通规格：
30~50cm
果实尺寸：中
价格范围：
200~300 日元

花语
闪耀、
悲伤不会持续

上市时间

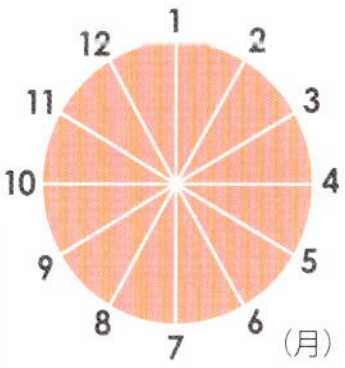

秘鲁胡椒树

Pepper tree

作为香辛料来使用的"粉红胡椒"指的就是秘鲁胡椒树的果实。美丽的粉色的果实,近年来作为花材受欢迎的程度在不断上升。

上市流通的几乎都是茎是新鲜的而果实为干燥的状态,因此容易照看。若在干燥的花环中放入小分枝,会增强甜蜜的气氛。因为果实较重,在插花时立起使用较难,可下垂状态放入或是剪成小分枝使用。

果实具有美丽的粉色,可增强甜蜜的气氛。

茎以柔软的状态上市流通。

果实以干燥的状态上市流通。

美丽的粉红色的果实成串生长。

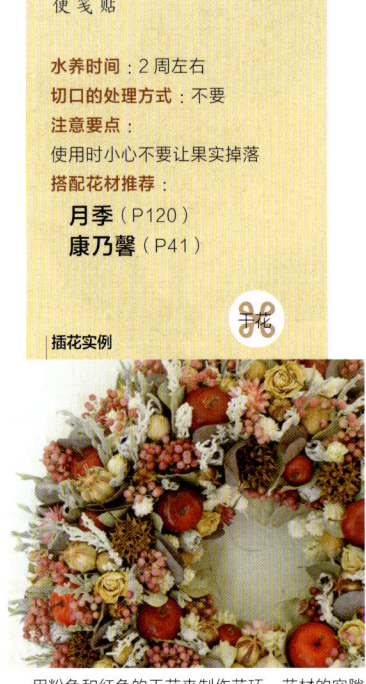

Data

植物分类:
漆树科秘鲁乳香属

原产地:
南美洲

日本名:
胡椒木

市场流通规格:
20~50cm

果实尺寸: 小

价格范围:
300~500日元

花语
闪耀的心

上市时间

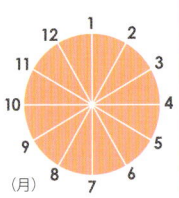

(月)

便笺贴

水养时间: 2周左右
切口的处理方式: 不要
注意要点:
使用时小心不要让果实掉落
搭配花材推荐:
月季(P120)
康乃馨(P41)

干花

插花实例

用粉色和红色的干花来制作花环,花材的空隙填充剪短的秘鲁胡椒树的果实。

黑莓

Blackberry

黑莓给人以根深蒂固的自然的印象，是十分受欢迎的浆果。在还是新绿的果实、变红的果实、成熟变黑的果实三阶段上市流通。因为黑莓随着果实的成熟而容易掉落，如果想要长时间的欣赏，推荐在还是结实的绿色果实状态的黑莓。

在自然风的花器和花篮中，插入像是从山野中采摘来的黑莓果实。

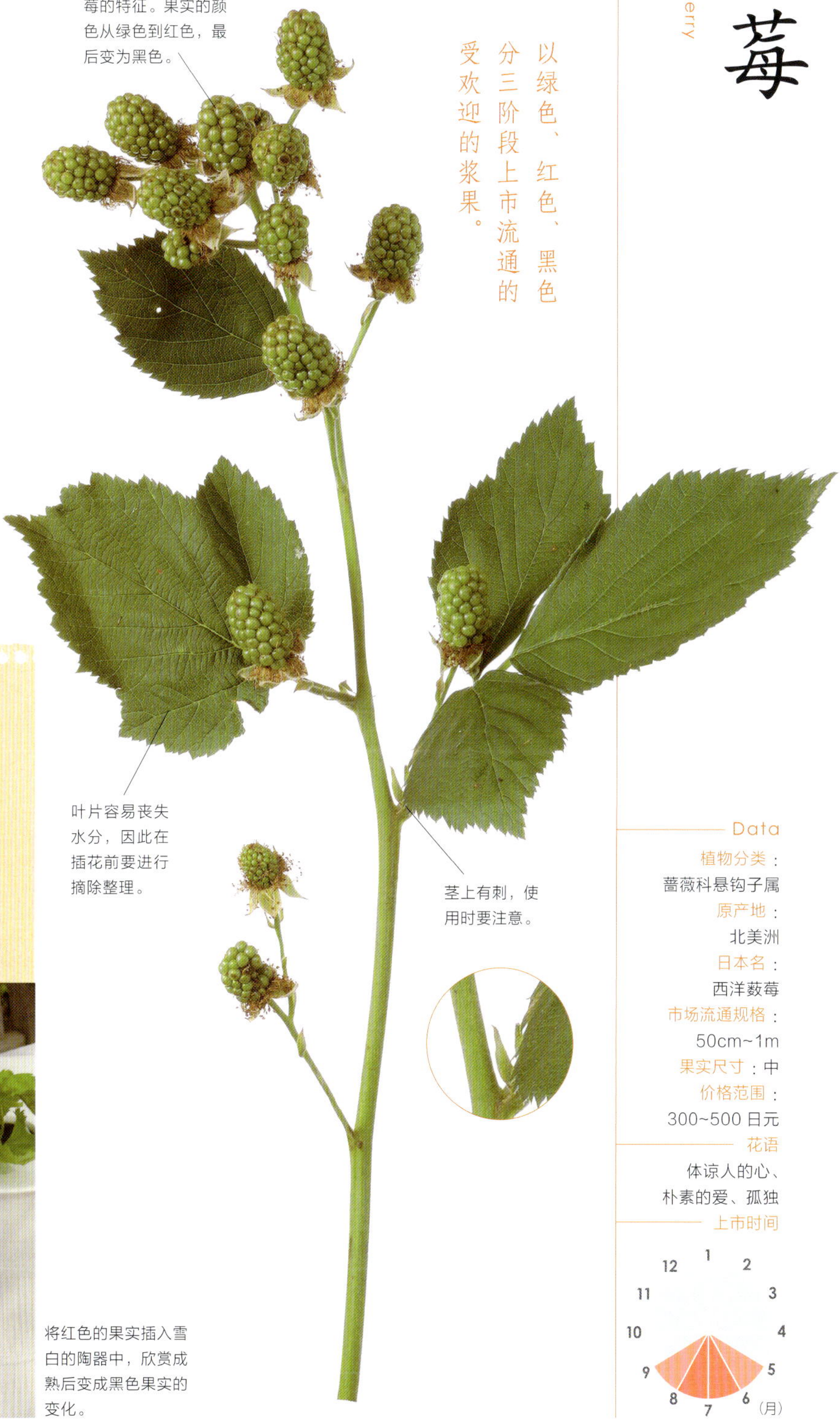

以绿色、红色、黑色分三阶段上市流通的受欢迎的浆果。

疙疙瘩瘩的果实是黑莓的特征。果实的颜色从绿色到红色，最后变为黑色。

叶片容易丧失水分，因此在插花前要进行摘除整理。

茎上有刺，使用时要注意。

便笺贴

水养时间：1周左右
切口的处理方式：水中剪切
注意要点：
茎上长有刺，使用时注意。
搭配花材推荐：
月季（P120）
小白菊（P153）

插花实例

将红色的果实插入雪白的陶器中，欣赏成熟后变成黑色果实的变化。

Data

植物分类：蔷薇科悬钩子属
原产地：北美洲
日本名：西洋薮莓
市场流通规格：50cm~1m
果实尺寸：中
价格范围：300~500日元

花语
体谅人的心、朴素的爱、孤独

上市时间
5~8（月）

观果凤梨

Ornamental ananas

身姿和形状与水果菠萝一模一样。在茎的先端长着迷你尺寸的果实，作为花材也在市场上流通。

因为孩子们很喜欢，推荐在生日和儿童节等的活动的插花中使用。在桌子上装饰为契机，可以成为一个快乐的话题。

还有，随意地将一支观果凤梨插入空罐和空瓶中，装饰起来也像大人般成熟。若是果实萎蔫了，可将上部的绿色部分剪切掉，或将其种植于土壤中。

长着果实的独一无二的身姿，即使仅有一支也能给人以巨大的存在感。孩子们似乎也很喜欢。

茎的先端生长的果实是真正的菠萝的小型版。

对干燥适应力强，直接可成为干花。

"珊瑚菠萝"（品种名）

便笺贴

水养时间：10天左右
切口的处理方式：水中剪切
注意要点：叶子的边缘有刺，使用时要注意。
搭配花材推荐：
木百合（P167）
硬叶蓝刺头（P171）

干花

插花实例

作为花器使用的是花盆。在花盆中放置好已充分吸水的花泥，将剪短的观果凤梨插入其中。

Data

植物分类：
凤梨科
凤梨属
原产地：
美洲热带地区
日本名：——
市场流通规格：
30~80cm
果实尺寸：中·大
价格范围：
200~400日元
花语
你很完美、
你很十全十美
上市时间

（月）

切叶篇

散尾葵

Areca palm, Butterfly palm

Data
植物分类：
棕榈科
散尾葵属
原产地：
马达加斯加岛
日本名：
山鸟椰子
市场流通规格：
60cm~1m
叶片尺寸：大
价格范围：
300~400 日元
上市时间

充满热带的气氛的棕榈的伙伴。
作为观叶植物也是熟悉的切叶。

在棕榈植物中，叶形特别美丽的南国的切叶。

向上张开舒展的叶片给人以优雅的印象。也适合给人以动感的插花。

因为是喜欢水分的南国植物，注意不要让其缺水。

便笺贴

水养时间：7~10 天
切口的处理方式：水中剪切
注意要点：若水分丧失叶的尖端就容易向下垂，因此要充分吸水。
搭配花材推荐：
鹤望兰（P89）·
红鸟蕉（P147）
等等的热带风情的花

芒萁

Umbrella fern

Data
原产地：
澳大利亚
日本名：——
市场流通规格：
50cm~80cm
叶片尺寸：大
价格范围：
200~300 日元
上市时间

呈伞状张开的叶片是独一无二的！能增强插花整体的跳动感。

选择呈放射状张开的叶片的朝向统一的。

叶片像伞似的呈放射状张开，看上去像小型的棕榈树似的蕨类植物的伙伴。舒展的叶片的线条，给人以生机勃勃的、跳动的印象。作为花束的基础等也很活跃。

便笺贴

水养时间：1 周左右
切口的处理方式：水中剪切
注意要点：叶子要舒展、避免阳光直射
搭配花材推荐：
帝王花（P145）·
木百合（P167）
等原产于澳大利亚的花

常春藤

Ivy, English ivy

作为观叶植物也是受欢迎的花材。其藤蔓性、叶片大小和叶色、形状、斑纹等的变化很丰富。常春藤的叶片能保持长久。若水分丧失，可将其放入深水中浸泡。

有着长久保持的优点的丰富品种，人气聚集的藤蔓性切叶。

霜后变红的叶子也上市流通。

也有将一张张大叶子剪下上市流通的时候。

Data
植物分类：五加科常春藤属
原产地：欧洲、北非、西亚
日本名：西洋木蔦
市场流通规格：30~60cm
叶片尺寸：中・大
价格范围：100~300 日元
上市时间

便笺贴
水养时间：1 个月左右
切口的处理方式：水中剪切、深水法
注意要点：如果水分丧失，将其浸入深水中就会恢复生机。
搭配花材推荐：几乎所有的花

压叶

天门冬

Asparagus

在细茎上密生着像针似的叶子，是带有清凉感的切叶。注意既有茎和叶柔软易折的品种，也有叶子容易掉落的品种，还有藤蔓性的类型。

细茎上密生呈蓬松状张开的叶子，给人以凉爽的气氛。

看上去是叶子，实际上是枝条变化后的假叶。

Data
植物分类：百合科天门冬属
原产地：南非
日本名：立蒿、忍蒿
市场流通规格：50cm~1m
叶片尺寸：小
价格范围：300~500 日元
上市时间

便笺贴
水养时间：5~7 天
切口的处理方式：水中剪切
注意要点：叶子会零散的掉落，要小心照看。
搭配花材推荐：
  小白菊（P153）等的小花
  马蹄莲（P49）等的线状花材

白鸢尾
Tall iris

Data
- 植物分类：鸢尾科鸢尾属
- 原产地：土耳其
- 日本名：长大 Iris
- 市场流通规格：80cm~1.2m
- 叶片尺寸：长细
- 价格范围：150~300 日元
- 上市时间

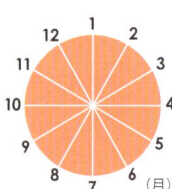

因叶子易折，使用时注意。

尖形的叶子为鲜艳的嫩绿色。

清爽的嫩绿色，直立伸长，顶端为尖形的叶子。

具有像剑一样尖形的叶。鲜艳的嫩绿色让人感到清爽。虽然作为切叶使用的次数较多，但根据季节不同开着青紫色和白色、黄色的花的品种也在市场上流通。

便笺贴
- 水养时间：7~10 天
- 切口的处理方式：水中剪切
- 注意要点：因易折，要小心照看。
- 搭配花材推荐：
  - **荷兰鸢尾**（P13）·
  - **花葱**（P27）
  - 等的线状花材

小天使蔓绿绒
Philodendron kookaburra

Data
- 植物分类：天南星科 喜林芋属
- 原产地：美洲热带地区
- 日本名：——
- 市场流通规格：30~50cm
- 叶片尺寸：大
- 价格范围：200~300 日元
- 上市时间

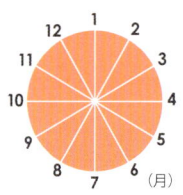

裂痕很有个性。可使长茎变弯曲。

叶片一受伤就会异常显眼，要小心照看。

便笺贴
- 水养时间：2 周左右
- 切口的处理方式：水中剪切
- 注意要点：若叶片受伤会变得异常显眼，因此要更小心照看。
- 搭配花材推荐：
  - **大丽花**（P95）·
  - **大朵的菊花**（P52）
  - 等具有东方气氛的花

具有像皮革那样的光泽的厚叶子，那深深的裂痕像热带植物似的给人以异国情调的印象。它的优点是茎粗且长。用手将茎捋后变弯曲，也可以插出插花的动感。

布什绵 Woollybush

— Data —
植物分类：
山龙眼科
独雀花属
原产地：
澳大利亚
日本名：——
市场流通规格：
50~60cm
叶片尺寸：小
价格范围：
200~300日元

上市时间

充满野趣的独一无二的针状叶子！也可直接制成干花。

针状的细小叶子密被白色的柔毛。

针状的细小叶子密被白色的柔毛，是澳大利亚原产的，带有野趣风貌的植物。此植物既结实又可以保持长久新鲜，不是开花的时期可直接制成干花。

便笺贴

水养时间：1~2周
切口的处理方式：水中剪切
注意要点：开花时期若是水分丧失，花容易萎蔫
搭配花材推荐：
新娘花（P93）
西澳蜡花（P172）

松萝凤梨 Usneoides

— Data —
植物分类：
凤梨科
铁兰属
原产地：
北美洲南部、中南美洲
日本名：
猿麻梻擬
市场流通规格：
30~50cm
叶片尺寸：小
价格范围：
300~400日元

上市时间

松萝凤梨是即使不给予水分，也可以通过吸收空气中的水分来生长的，空气凤梨的伙伴。那带有异国情调的银绿色的叶子和茎很柔软，可使它缠绕在花束上面，作为花束的引人注目的要点来使用。

那异国情调的身姿，主张着它的存在感。用于个性的插花中。

便笺贴

水养时间：1个月以上
切口的处理方式：不要
注意要点：虽然对干燥适应能力强，但也要每3~4天一次用喷雾器等喷水使其湿润。
搭配花材推荐：
烟色的花
棉毛水苏（P237）
等的银色系的叶子

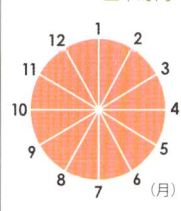

用喷雾器等使其湿润，可保持美丽的状态。

甘蓝叶

Kale, Borecole

Data
植物分类：
十字花科
芸苔属
原产地：
地中海沿岸
日本名：
绿叶甘蓝、
羽衣甘蓝
市场流通规格：
20~30cm
叶片尺寸：中·大
价格范围：
200~300 日元
上市时间

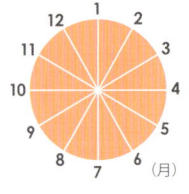
(月)

根据品种的不同，叶色和皱褶的方式也各种各样。

皱褶状的叶片很华丽，是受注目的新花材。

虽然作为青汁的原料而出名，但也作为新花材而受到注目。叶片先端的皱褶十分华丽。紫色和绿色的美丽渐变可成为插花的点缀。

便笺贴

水养时间：2~3 周
切口的处理方式：水中剪切
注意要点：没有特别要注意的。
搭配花材推荐：
薄荷（P234）·
黑莓（P215）
等的浆果类

树熊草

Koala fern

树熊草是在澳大利亚的海岸生长的植物。名字是由其细线状的叶子像树熊的尾巴而得来的。因为是在海岸的沙地上自生的植物，所以适应干燥的能力强是其特征。

Data
原产地：
澳大利亚
日本名：——
市场流通规格：
70cm~1m
叶片尺寸：小
价格范围：
200~300 日元
上市时间

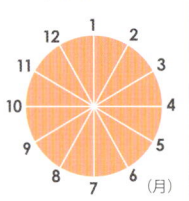
(月)

像树熊的毛发似的。
柔软的细叶

柔软的细叶。

茎上有像竹子似的茶色的节。

便笺贴

水养时间：1~2 周
切口的处理方式：水中剪切
注意要点：没有特别要注意的。
搭配花材推荐：
非洲菊（P45）·
六出花（P28）
等的鲜艳色彩的花

珍珠吊兰

String-of-beads senecio

珍珠吊兰是在蔓状的细茎上，肥厚的圆形叶子像项链一样排列的多肉植物。或是对其它的花材和花器进行缠绕，或是长长的垂吊下来，增加插花的游玩之心。

像珠子似的圆形的叶子相连，使插花带有动感。

因浸水的部分容易腐烂，要勤换水。

肥厚的圆形叶子用细茎连接。

Data

植物分类：
菊科
千里光属
原产地：
非洲·纳米比亚
日本名：
绿之铃
市场流通规格：
30~60cm
叶片尺寸：小
价格范围：
200~400日元
上市时间

便笺贴

水养时间：7~10 天
切口的处理方式：水中剪切
注意要点：珍珠吊兰若浸泡在水中容易腐烂，因此要勤换水。
搭配花材推荐：
月季（P120）
洋桔梗（P107）

加莱克斯草

Beetleweed, Wand plant

心形的可爱的叶子的边缘有浅浅的锯齿。叶子表面的光泽很美，到了秋天变成棕褐色也在市场上流通。叶片柔韧易卷，也适宜将其细细卷起使用。

呈圆形的叶子容易将其卷起，使用极为方便。

叶子既结实吸水力也强，可保持长久。

Data

植物分类：
岩梅科加莱克斯属
原产地：
北美洲东部
日本名：——
市场流通规格：
10~20cm
叶片尺寸：大
价格范围：
150~300日元
上市时间

便笺贴

水养时间：1个月左右
切口的处理方式：水中剪切
注意要点：若叶子表面脏，将其擦拭干净。
搭配花材推荐：
几乎所有的花

压叶

银叶菊

Dusty miller

Data
- 植物分类：菊科千里光属
- 原产地：地中海沿岸
- 日本名：白妙菊
- 市场流通规格：20~50cm
- 叶片尺寸：中
- 价格范围：200~400日元
- 上市时间

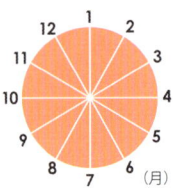
(月)

密被白色的柔毛，像毛毡似的叶子很美。银叶菊是常绿的多年生草本。作为银色植物是插花中不可缺少的叶材。其具有肥厚的叶子和像花边那样的叶子的种类也很丰富。

挑选那些叶子和茎没有变黑的银叶菊。

银白色给人以优雅的印象，像毛毡似的手感很有魅力。

便笺贴

水养时间：5~7天
切口的处理方式：水中剪切、浸烫法
注意要点：因叶片浸到水中容易变黑，要注意。
搭配花材推荐：
红三叶草（P88）
月季（P120）

钢草

Blackboy, Grass tree

Data
- 植物分类：百合科黄万年青属
- 原产地：澳大利亚
- 日本名：——
- 市场流通规格：1~2m
- 叶片尺寸：长细
- 价格范围：50~100日元
- 上市时间

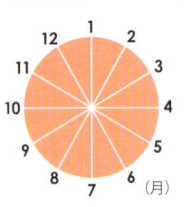
(月)

钢草细长的叶子，正如叫"钢"这个名字一样，有相当的硬度。利用其直线性的线条，经常使用在有一定高度的插花中。到了秋天也有白色的花穗在市场上流通。

因先端既硬又尖，使用时注意。

像铁那样坚硬的叶子的直线性线条很有魅力。

便笺贴

水养时间：3周左右
切口的处理方式：水中剪切
注意要点：若使其弯曲过度，则容易折断。
搭配花材推荐：
Bulbinella（P129）
百合（P160）

珍珠银叶相思树
Pearl bluebush

── Data ──
植物分类：
藜科 Maireana 属
原产地：
地中海沿岸、
西南亚、
澳大利亚
日本名：——
市场流通规格：
50~60cm
叶片尺寸：小
价格范围：
200~400 日元
── 上市时间 ──

在苗条的纵向伸长的茎上，长满了密密麻麻的多肉质的叶子。叶上密被白色胎毛，因此看上去隐隐约约像银装素裹一样，在圣诞节的插花中使用活跃。

银白色的枝叶像小型的圣诞树似的。可用于圣诞节。

银白色的小叶子为多肉质。

若吸水不充分，叶子容易簌簌掉落。

便笺贴

水养时间：2~3 周
切口的处理方式：水中剪切、浸烫法、切口基部十字剪切法
注意要点：切口处纵向剪成十字，可充分进行吸水。
搭配花材推荐：
法绒花（P138）
白球花（P142）

甜蜜蔓爬山虎
Sugar-bine

── Data ──
植物分类：
葡萄科爬山虎属
原产地：
中国、日本
日本名：——
市场流通规格：
30~80cm
叶片尺寸：中
价格范围：
200~400 日元
── 上市时间 ──

形状像张开的手掌似的小叶子给人以可爱轻快的感觉。因为茎具有藤蔓性，所以很柔软，轻飘飘地向下垂着给人以自然的印象。在插花时将其插入，会给作品整体一种温柔的气氛。

小叶子很可爱！可用于自然的插花中。

仿佛张开的手掌似的叶形。

藤蔓性的茎很柔软，容易使用。

便笺贴

水养时间：1~2 周
切口的处理方式：水中剪切
注意要点：使用时要注意不要将藤蔓缠绕在一起。
搭配花材推荐：
冠状银莲花（P23）
紫娇花（P102）

鸟巢蕨
Spleenwort

Data
植物分类：
铁角蕨科
铁角蕨属
原产地：
日本、中国台湾
日本名：
大谷渡
市场流通规格：
80cm~1.2m
叶片尺寸：大
价格范围：
150~300日元
上市时间

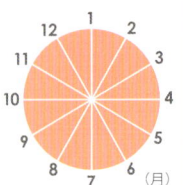
（月）

叶片结实且可保持长久。

带有光泽的翡翠绿色的叶子，弯弯曲曲波动的身姿给人留下深刻的印象。鸟巢蕨的叶子不容易受伤，具有即使浸泡在水中也不易腐烂的性质。既可将叶子卷成几圈或打折弯曲作为固定花材使用，也可细细地撕裂来使用，使用起来自由自在。

宽大的叶子可在插花时自由自在地使用。即使将其沉入水中，也很难腐烂。

便笺贴
水养时间：1~2周
切口的处理方式：水中剪切
注意要点：卷起、折起或撕开都可以使用。
搭配花材推荐：
虎眼万年青（P39）·
马蹄莲（P49）
等的线状花材

狼尾蕨
Tabalia fern

Data
植物分类：
骨碎补科
骨碎补属
原产地：
马来西亚
日本名：——
市场流通规格：
30~60cm
叶片尺寸：小
价格范围：
100~300日元
上市时间

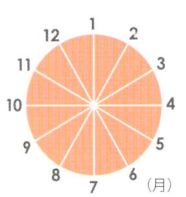
（月）

蕨类植物的伙伴，纤细的花边似的叶子带有透明感及柔软的气氛。将柔韧的叶子剪切分开使用，方便于丰富多彩的插花场景中。另外，那美丽的叶形用来制作压叶也很漂亮。

像花边似的美丽的叶形，可增强插花作品的纤细感。

像编织花边一样的纤细的叶形很有魅力。

便笺贴
水养时间：5~7天
切口的处理方式：水中剪切
注意要点：将其放置在叶片不会干燥的场所
搭配花材推荐：
大丽花（P95）
万代兰（P131）

压叶

阔叶武竹

Smilax asparagus

长着许多深绿色的小叶。

长着许多小叶的茎像流动的柔软线条，很美。深绿色的叶子给人清爽的感觉。是熟悉的婚礼上的新娘捧花和桌花装饰的花材。

像流动一样的茎的线条，也使用在美丽的婚礼中。

因叶片容易受伤，使用时注意。

便笺贴

水养时间：5~7天
切口的处理方式：
水中剪切、浸烫法
注意要点：
因叶片容易受伤，要小心照看。
搭配花材推荐：
洋桔梗（P107）
月季（P120）

压叶

Data
植物分类：
百合科天门冬属
原产地：
南非
日本名：
草薙葛
市场流通规格：
1m
叶片尺寸：小
价格范围：
200~400日元
———— 上市时间 ————

黍

Witch grass

长在茎的先端和节上的穗看上去像烟雾一样而取名"黍"。在插花时演出凉爽的气氛。将叶子进行适度的整理后，可使穗展现纤细的风情。

像烟雾那样轻飘飘的，张开的穗给人以凉爽的印象。

因茎中空而易折断，要注意。

便笺贴

水养时间：5~7天
切口的处理方式：水中剪切
注意要点：
因茎易折断，要小心照看。
搭配花材推荐：
向日葵（P132）
百合（P160）

干花

像烟雾那样轻飘飘地张开的穗。

Data
植物分类：
禾本科黍属
原产地：
北美洲
日本名：
花草黍
市场流通规格：
50~80cm
叶片尺寸：中
价格范围：
200~300日元
———— 上市时间 ————

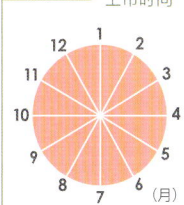

西番莲
Passion flower

Data
植物分类：
西番莲科
西番莲属
原产地：
中·南美洲
日本名：
时针草
市场流通规格：
60cm~1.2m
叶片尺寸：中
价格范围：
200~400日元
上市时间

形状像海星似的叶子。

卷须容易将周围卷起。

手掌状的叶子以及藤蔓的自由的动感，给人以自然的印象。

花开像钟表的文字盘似的西番莲是给人印象深刻的热带植物。因为开花时间较短，因此经常作为绿色叶材在市场上流通。藤蔓性的茎和形状像海星似的叶子给人以自然的印象。

便笺贴

水养时间：1周左右
切口的处理方式：水中剪切、浸烫法
注意要点：因藤蔓易缠绕在一起，要小心照看。
搭配花材推荐：
绣球（P16）
月季（P120）

龙血树
Dracaena

Data
植物分类：
龙舌兰科
龙血树属
原产地：
亚洲热带地区、非洲
日本名：
千年木
市场流通规格：
30~50cm
叶片尺寸：中·大
价格范围：
100~300日元
上市时间

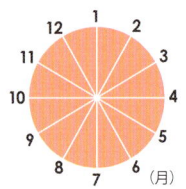

斑点的花纹给人以华丽的感觉！叶片能保持长久，容易照看。

将龙血树插在水中会长根，可将长根的龙血树种在花盆中。

便笺贴

水养时间：2周左右
切口的处理方式：水中剪切
注意要点：若叶子干燥，可用喷雾器来浇水。
搭配花材推荐：
几乎所有的花

既有绿色叶中带着白色和黄色斑点的品种，也有细长的叶中带着红色条纹的品种，叶形和叶色、斑点花纹等丰富多彩。

玉山悬钩子

Creeping raspberry

Data

植物分类：蔷薇科悬钩子属
原产地：台湾
日本名：常磐莓
市场流通规格：30~60cm
叶片尺寸：小
价格范围：200~400日元

上市时间

既坚硬又结实的叶子容易使用。

叶子的表面有绉绸状的皱纹。

叶子的背面覆盖白毛。

叶片既硬又结实。

具有与"常春藤"相似的叶形，为藤蔓性植物。叶子的表面有绉绸状的皱纹，背面覆盖白毛。到了秋天叶子变成美丽的红叶也在市场上流通。

便笺贴

水养时间：1~2周
切口的处理方式：水中剪切
注意要点：插花时注意要能看到叶子的正反面。
搭配花材推荐：
藿香蓟（P14）
千日红（P92）

压叶

木贼

Horsetail, Scouring rush

直线型的线条，使空间变得时尚。日式和西式风格的插花都适合。

在木贼苗条伸长的茎上长有节，其像细竹那样的身姿独一无二。木贼是受欢迎的茶室的花材，在日式庭园中也经常被种植，是给人以强烈的日本文化印象的植物。另外，若将木贼剪短扎成束使用，也适合用于西式风格的插花。

便笺贴

水养时间：7~10天
切口的处理方式：水中剪切
注意要点：
搭配花材推荐：
菊花（P52）·
大丽花（P95）
兰类等的东方的花

茎上每隔一段都有节。

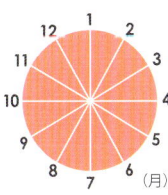

茎中空，可简单地将其打折弯曲。

Data

植物分类：木贼科木贼属
原产地：北半球的温带
日本名：木贼、砥草
市场流通规格：30cm~1m
叶片尺寸：
价格范围：100~150日元

上市时间

叶兰

Barroom plant

Data
- 植物分类：百合科蜘蛛抱蛋属
- 原产地：中国
- 日本名：叶兰
- 市场流通规格：30~50cm
- 叶片尺寸：大
- 价格范围：100~300日元
- 上市时间

纵向的叶脉。

将叶片或卷起或撕裂使用，可欣赏到不同的表情。

宽大的叶子既结实又能保持长久。根据插花的不同，表情也丰富多彩。

水灵的深绿色的叶子，既柔韧又结实。有将叶片卷起，或是沿着纵向的叶脉撕开等各种各样的使用方法。有着在白色和米色的纵向条纹的叶中，叶尖带着白色斑点的类型。

便笺贴
- 水养时间：2周以上
- 切口的处理方式：水中剪切
- 注意要点：若叶片干燥，可用湿布擦拭。
- 搭配花材推荐：几乎所有的花

细叶海桐花

Kohuhu, Tawhiwhi

Data
- 植物分类：海桐花科海桐花属
- 原产地：新西兰
- 日本名：黑叶海桐花
- 市场流通规格：30~50cm
- 叶片尺寸：中
- 价格范围：150~300日元
- 上市时间

叶子容易凋谢，因此要好好抖动枝条后再使用。

带花斑的小叶很可爱。要避免干燥。

便笺贴
- 水养时间：10天左右
- 切口的处理方式：水中剪切
- 注意要点：因对干燥和高温的适应力较弱，要用喷雾器进行水分补给。另外，在使用前要抖一下枝叶，将已脱落的叶子去除。
- 搭配花材推荐：几乎所有的花

压叶

分叉的细枝条上长着许多波浪形的小叶。白色和米色的叶缘和带有斑点等的品种也在市场上受到欢迎。用喷雾器来喷水防止枝叶干燥，可使其保持长久。

玉竹

King Solomon's seal

玉竹是在日本各地的草地上自生的植物。呈弓形弯曲的茎上，长着美丽的带有斑点的叶子。经常在市场上流通的是宽叶的名叫"斑叶玉竹"的品种。玉竹不喜闷热的环境，因此放置时要避开潮湿的地方。

柔韧的茎和带有斑点的叶子很美。

Data
植物分类：百合科黄精属
原产地：日本
日本名：鸣子百合
市场流通规格：50~80cm
叶片尺寸：中
价格范围：100~300日元

上市时间

因从茎的下方的叶子开始逐渐往上变色，所以要勤摘除掉已变色的叶子。

叶的尖端部分有白斑。

便笺贴

水养时间：5~7天
切口的处理方式：水中剪切
注意要点：从茎的下方叶片会发黄，要勤摘除掉
搭配花材推荐：
穗花婆婆纳（P106）·
日本裸菀（P154）
等的和风的野草

压叶

新西兰麻

New Zealand flax

像剑一样尖锐的叶子，给人以强有力的印象。也有竖条纹的类型。

剑状的细长的叶既坚硬又结实，新西兰的原住民用从叶中取出的纤维来制作木排。新西兰麻适合尖窄型的插花。此外，新西兰麻也有带着白色和红色、黄色的竖条纹的品种。

Data
植物分类：龙舌兰科新西兰麻属
原产地：新西兰
日本名：苧麻兰
市场流通规格：1m
叶片尺寸：长细
价格范围：200~300日元

上市时间

沿着叶脉撕开，既可扭曲也可编织。

便笺贴

水养时间：7~10天
切口的处理方式：水中剪切
注意要点：小心不要被尖锐的叶子割到手
搭配花材推荐：
紫罗兰（P86）·
马蹄莲（P49）
等的线状花材

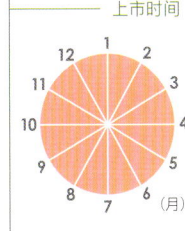

长穗赤箭莎

Flexi grass

Data
- 原产地：澳大利亚
- 日本名：——
- 市场流通规格：80cm~1m
- 叶片尺寸：长细
- 价格范围：200~300 日元
- 上市时间

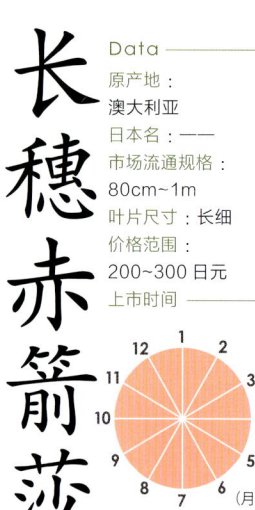

其柔韧性使其弯曲或编织都自由自在。

因为柔韧而容易操作，即使弯成圆形也可使用。

便笺贴
- 水养时间：2~3 周
- 切口的处理方式：水中剪切
- 注意要点：因顶端尖锐，使用时要注意。
- 搭配花材推荐：几乎所有的花

与"钢草"（P224）的易折、"熊草"（同页之下）的难于直立相对比，"长穗赤箭莎"非常柔韧。可使其直立，也可扎成束将其弯曲或是编织来使用。

熊草

Bear grass

Data
- 植物分类：百合科 旱叶百合属
- 原产地：北美洲
- 日本名：——
- 市场流通规格：50cm~1m
- 叶片尺寸：长细
- 价格范围：50~100 日元
- 上市时间

呈线状伸长的柔韧的细叶线条独具魅力。

根部为淡绿色，越往顶端越有光泽，颜色越变为深绿色。

便笺贴
- 水养时间：1 个月左右
- 切口的处理方式：水中剪切
- 注意要点：推荐将其扎成束来使用。
- 搭配花材推荐：几乎所有的花

呈线状伸长的叶子既坚硬又结实。可直接利用它流动似的线条，也可用手指将一下使其成弯曲状。在插花中需要插出动感时，熊草是重要的花材。

喜林芋

Horsehead philodendron

虽然与"小天使蔓绿绒"是同属的植物，但喜林芋的叶片较大且更厚，表面有光泽。与叶片相当的大花朵一起组合搭配，可插出热带风情的作品。

巨大的叶片，给人强烈的冲击力！可插出热带的气氛。

吸水力较强，叶片可保持长久。

便笺贴

水养时间：1周左右
切口的处理方式：水中剪切
注意要点：脏的叶片可用湿抹布擦拭干净。
搭配花材推荐：
朱顶红（P24）
大丽花（P95）

Data

植物分类：天南星科 喜林芋属
原产地：美洲热带地区
日本名：人手葛
市场流通规格：20cm~1m
叶片尺寸：大
价格范围：100~200日元
上市时间（月）

水葱

Softstem bulrush

水葱是在水边和沼泽地自生的植物。在直立向上伸长的茎的顶端，开着红褐色的小花。给人以凉爽的身姿，作为初夏的花材很有人气。

直立伸长的绿色的茎带来凉爽的感觉。可用于初夏的插花中。

在茎的顶端开着红褐色的小花。

茎中空，可简单地将其打折弯曲。

便笺贴

水养时间：1周左右
切口的处理方式：水中剪切
注意要点：可打折弯曲使用。
搭配花材推荐：
虎眼万年青（P39）
唐菖蒲（P58）

Data

植物分类：莎草科 蔍草属
原产地：日本
日本名：太蔺
市场流通规格：1~1.5m
叶片尺寸：长细
价格范围：100~200日元
上市时间（月）

薄荷 Mint

具有充满清凉感的清爽香味，是有魅力的药草。

Data
植物分类：
唇形科
薄荷属
原产地：
北半球、南非
日本名：
薄荷
市场流通规格：
10~20cm
叶片尺寸：中
价格范围：
混合成束为300~350日元左右
上市时间

作为喝茶和料理时使用的薄荷很有名。既含有薄荷醇的带有清凉感的香味，也有恢复精神的效果。薄荷有很多的品种在市场上流通，其叶色和叶形、质感等各种各样。

茎浸在水中会生根，之后可将其移到花盆中种植。

便笺贴

水养时间：5~7天
切口的处理方式：水中剪切
注意要点：因为薄荷有强烈的香味，要注意避免赠予不喜其香味的人。
搭配花材推荐：
穗花婆婆纳（P106）·
柳叶鬼针草（P34）
等等的野草

 压叶   精油

尤加利树 Gum tree

有特征的叶色和叶形使插花作品的表情丰富。

Data
植物分类：
桃金娘科
桉属
原产地：
澳大利亚
日本名：
有加利树
市场流通规格：
30~50cm
叶片尺寸：小
价格范围：
150~300日元
上市时间

对于尤加利的气味，喜欢和讨厌的人都有，注意不要使用过度。

小圆叶相对生长。

便笺贴

水养时间：10~14天
切口的处理方式：水中剪切
注意要点：会有喜欢和讨厌尤加利的气味的人，要注意。
搭配花材推荐：
几乎所有的花

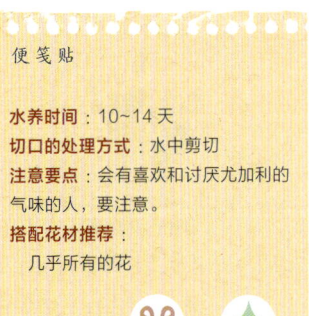 干花 精油

在细枝条上长着的小圆叶很有魅力。偏灰的银白的叶色也是独一无二的。也有长着细长叶的品种的尤加利树。叶子能保持长久，也能直接成为干花。

蜡菊

Everlasting,Immortelle

卵型的小叶密被白色柔毛，摸上去软软的很舒服。那扭捏弯曲的茎的线条也很美，给人以自然的印象。除银绿色的品种外，还有其他颜色的叶子的品种。

卵型的小叶和茎的线条，给人以自然的印象。

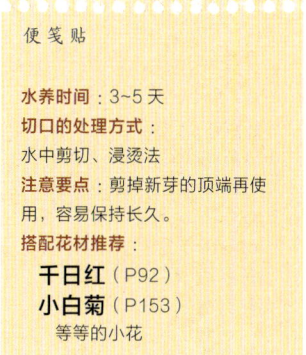

剪掉新芽的顶端，可使其保持长久。

因叶子浸泡到水中会变黑，所以要预先摘除掉。

便笺贴

水养时间：3~5 天
切口的处理方式：水中剪切、浸烫法
注意要点：剪掉新芽的顶端再使用，容易保持长久。
搭配花材推荐：
　千日红（P92）
　小白菊（P153）
　　等等的小花

Data
植物分类：
　菊科
　蜡菊属
原产地：
　南非
日本名：——
市场流通规格：
　30~60cm
叶片尺寸：小
价格范围：
　150~300 日元
上市时间

金边阔叶麦冬

Lilyturf

细长的叶子的宽度大约 1cm。其自然的曲线很漂亮，用手捋一下就可形成小卷。因为金边阔叶麦冬较为柔软，可用其来进行编织。金边阔叶麦冬也有竖向花纹的品种。

插在花泥中时，硬茎的下面部分要留下。

可作为插花的配角。像丝带那样，也可以做个小卷。

便笺贴

水养时间：7 天前后
切口的处理方式：水中剪切
注意要点：插在花泥中时，硬茎的下面部分要留下不要剪掉。
搭配花材推荐：
　几乎所有的花

Data
植物分类：
　百合科山麦冬属
原产地：
　日本、中国、台湾
日本名：
　薮兰
市场流通规格：
　30~50cm
叶片尺寸：长细
价格范围：
　50~150 日元
上市时间

假叶树

Butcher's bloom

Data

植物分类：
百合科假叶树属
原产地：
从加那利群岛
到高加索
日本名：
筏叶
市场流通规格：
30~50cm
叶片尺寸：中
价格范围：
150~300 日元
上市时间

带有光亮的光泽、稍带圆形的叶片，因与其他的花材一起容易搭配而受到欢迎。看上去像是叶子的，实际上由茎变化而来。与其极为相似的达娜厄鹃的叶子细长，是另一种植物。

带有光泽的稍圆的叶形，使用起来自由自在。叶厚且结实。

叶子很结实容易使用。

便笺贴

水养时间：7~10 天
切口的处理方式：水中剪切
注意要点：切开使用，卷枝要整理好
搭配花材推荐：
虎眼万年青（P39）·
唐菖蒲（P58）
等的线状花材

革叶蕨

Leatherleaf fern

Data

植物分类：
三叉蕨科
革叶蕨属
原产地：
从南半球的
热带到温带
日本名：——
市场流通规格：
30cm~1m
叶片尺寸：大
价格范围：
150~300 日元
上市时间

叶子的边缘有锯齿，全体呈三角形的形状。皮革般的质感和带有光泽的深绿色是其优点。革叶蕨的吸水力强，使用起来容易，这也是革叶蕨的一个受欢迎之处。

像皮革般的质感很独特，深绿色也很美。

叶的先端部分容易折断，使用时要注意。

便笺贴

水养时间：10~14 天
切口的处理方式：水中剪切
注意要点：叶的先端容易折断，要小心照看。
搭配花材推荐：
姜荷花（P65）·
蝴蝶石斛（P105）
等等的东方风情的花

压叶

棉毛水苏
Lamb's ears

Data
植物分类：
　唇形科水苏属
原产地：
　西亚
日本名：
　绵草石蚕
市场流通规格：
　30~50cm
叶片尺寸：中
价格范围：
　150~300日元

上市时间

因为叶子较厚，所以即使用少量的叶子也能插出饱满感。

软绵绵的手感让人很舒服。是药草的一种。

棉毛水苏的名字，是由其叶形和手感与小羊的耳朵相似而得来的。叶子全部密被白色柔毛，也有一定的厚度。棉毛水苏是药草的一种，隐约飘着甜甜的香味。

便笺贴

水养时间：5~7天
切口的处理方式：水中剪切、浸烫法
注意要点：若叶片受伤会异常显眼，要注意。
搭配花材推荐：
　烟色的花

蔓生百部
Stemona

Data
植物分类：
　百部科百部属
原产地：
　中国
日本名：
　利休草
市场流通规格：
　30~80cm
叶片尺寸：中
价格范围：
　200~400日元

上市时间

光洁美丽的绿色和呈螺旋状弯曲的茎的线条很美。

适度的对叶片进行整理后，扭捏弯曲的茎的线条就会引人注目。

蔓生百部的明亮的绿色和纵向的叶脉给人以凉爽的感觉。螺旋状弯曲的茎的线条也给人以柔和的表情。虽然其作为茶室的用花和传统插花的花材受到欢迎，但那自然的氛围也适合西式风格的插花。

明亮的绿色的叶子，有纵向的叶脉。

便笺贴

水养时间：1周左右
切口的处理方式：水中剪切
注意要点：利用茎的线条来插花
搭配花材推荐：
　马蹄莲（P49）·
　小苍兰（P141）
　等的线状花材

虾蟆秋海棠

Rex-begonia

Data
植物分类：
秋海棠科
秋海棠属
原产地：
印度、日本、中国
日本名：——
市场流通规格：
10~30cm
叶片尺寸：中·大
价格范围为
混成束为
300~500 日元
上市时间

富有个性的，叶色和叶形都很丰富的，欣赏叶子的秋海棠。

银紫色的叶子。

叶子四周边缘为深绿色，形成一个心型。

又深又浅的绿色很美。

在深茶色的叶中带有红色花纹。

茎为红色，叶子的表面带有光泽。

虾蟆秋海棠是可数的秋海棠中以叶的美丽而引人注目的，受欢迎的绿色花材。老虎的纹样和陷入漩涡似的叶型，富有个性的花纹和叶色、叶形很丰富。可与个性强的花组合搭配。

便笺贴

水养时间：7~10 天
切口的处理方式：水中剪切
注意要点：不喜寒冷的环境，要装饰在温暖的场所。
搭配花材推荐：
原种系的
六出花（P28）
立金花（P163）

北美白珠树

Salal

Data
植物分类：
杜鹃花科
白珠树属
原产地：
北美洲
日本名：——
市场流通规格：
20~30cm
叶片尺寸：中
价格范围：
150~300 日元
上市时间

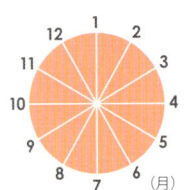

优美的叶片有着柠檬的果实那样稍圆的形状。曲折状的枝条和相互交错的叶子的自然动感，是在插花中易于使用的珍宝。另外，北美白珠树的吸水力强，枝叶可保持长久。

对于叶片相互交错的枝条，要分枝剪切后再使用。

柠檬型的稍圆的叶子很可爱，枝条也有魅力。

便笺贴

水养时间：2 周左右
切口的处理方式：水中剪切
注意要点：可将叶子一片片的剪下使用。
搭配花材推荐：
几乎所有的花

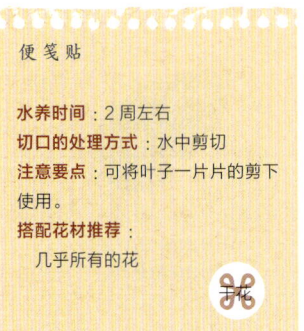

花与插花的基础知识

lesson 1 了解·挑选花材

首先在插花前要好好了解花材的种类和特征。花萼和叶、茎等也要提前检查！将花材的方方面面了解清楚的话，就可以挑选到符合理想的新鲜的花材。

将鲜花、干花、保鲜花、人造花等统称为"花材"。一般来说，在传统插花和现代花艺中使用的花材是有生命的"鲜花"。草花和球根花卉等开的花称为"切花"，剪下的树木的枝条称为"切枝"，以结着果实的状态上市的称为"切果"，利用叶子的花材称为"切叶"。

花材的种类

切花
以开花的状态上市的草花和球根花卉。可欣赏花色和花形，是插花的主角。

切枝
剪下的树木的部分枝条。有时切枝上也会长有花。是插出季节感和日式风格的珍宝。

切果
结着果实的状态上市。可欣赏到果实的颜色和形状。上市的季节有限的种类也较多。

切叶
利用叶子的花材，叶形和叶色等也丰富多彩。作为插花的配角大显身手。

了解花材的构造和名称

也想了解花的各部位的专业术语的人。深信是花瓣的部分其实经常会是花萼和苞片。红掌和马蹄莲等，苞片很大看上去像花瓣似的代表性的花材。

花萼
是花最外侧的部分，一般为绿色。花蕾的时候包着内部起到保护作用。

花
花萼、花瓣、雄蕊、雌蕊、到支撑花的短茎（花轴）为止的总称。

叶
长在茎和枝条上，支撑着花和枝叶。通常为绿色。叶中有白色和黄色等花纹的叫"斑纹"。

刺
在茎的表面有硬的且尖端尖锐的突起物。

花瓣
颜色和形状也因各种各样而美丽。可成为鉴赏的主要部分。也有长有斑点（在表面稀疏散落的点）的花瓣。

茎
支撑花和枝叶的部分。也叫"stem"。长着花的茎也叫"花茎"。

花蕊
花的中心部分的雄蕊和雌蕊合起来称为"花蕊"。

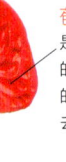
肉穗花序
棒状的部分是花。仔细看的话，小花聚集在一起开放。
红掌

苞片
是包着花的薄薄的保护叶。也有的苞片大，看上去像花瓣似的。

唇瓣
位于兰科的花的中央附近，下方长着一片花瓣。也有呈袋状的唇瓣。
蝴蝶兰

花的断面

花的基本着生方式大致可以分为四类

在茎和枝条上生长和排列的方式叫"花序"。像郁金香那样在茎的先端单独生长的类型、像绣球那样的小花以集团的方式开花的类型等，可大致分成四大类。

欧洲木绣球"玫瑰"

吉利草

绣球

密集类型
小花集中在一起开放，看上去像一个团块。

翠雀　穗花婆婆纳　紫罗兰

穗状开放类型
沿着茎轴花呈纵向像穗状一样开放。

非洲菊　荷兰鸢尾　郁金香

单生类型
在单支茎的顶端上仅开一朵花。

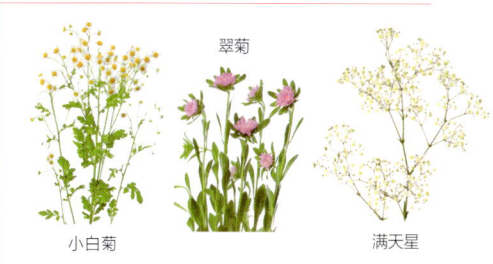
小白菊　翠菊　满天星

分枝类型
在茎的左右分枝伸长的茎的先端长着花。

根据各种各样的品种改良各种开放方式登场

对于花的开放方式，除了根据花瓣数可分为单瓣花和重瓣花之外，由于花瓣的形状而受到注目的小球型和花边型，还有把其他的花比作月季型和百合花型开放等等，有各种各样的开花方式。特别是备受欢迎的郁金香和月季、非洲菊、菊花等的品种改良的盛行，陆陆续续有新的开花方式的花登场。

玛格丽特花

花毛茛

菊花

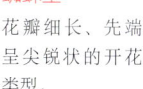
非洲菊
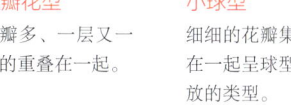

单瓣花型
几乎没有花瓣的重叠。

重瓣花型
花瓣多、一层又一层的重叠在一起。

小球型
细细的花瓣集中在一起呈球型开放的类型。

蜘蛛型
花瓣细长、先端呈尖锐状的开花类型。

波斯菊

郁金香

郁金香

月季

洋桔梗

郁金香

筒状花型
花瓣像筒状似的卷起来。此类型比如菊花等较多。

花边型
花瓣的边缘像花边似的有细小的裂痕的类型。

鹦鹉群型
带有裂痕的花瓣与鹦鹉的羽毛相似。

老月季杯状
月季等经常能见到的圆胖的呈杯状的开放方式很可爱。

月季花型
花瓣的卷曲方式给人一种是月季花的印象。

百合花型
像百合似的尖锐的花瓣的先端向外开花的类型。

在插花时要考虑花的角色后再挑选

在制作插花作品时，作为主角的花和切枝等被叫作"主花材"，而衬托主角的作为配角的花有切果、切叶等的叫"辅助花材"。对于插花的初学者来说，在挑选花材时首先要决定主花材，然后再挑选与之相搭配的辅助花材就不会插出失败的作品了。

更进一步，根据插花的不同角色可分为四类。作为主角的特殊形状花材和团块状花材，想插出动感和高度时的线状花材，填补花与花之间的空隙时使用散状花材等。

团块状花材

康乃馨　洋桔梗　月季

"Mass"是"团块"的意思。许多花瓣集合在一起，花色给人以强烈的印象。如月季、康乃馨、洋桔梗、花毛茛等。

特殊形状花材

蝴蝶兰　红掌　朱顶红

"Form"是"外形"的意思。花大且有个性的、有存在感的主角级别的花。如朱顶红、红掌、百合、蝴蝶兰等。

散状花材

瘤毛獐牙菜　满天星　圆叶柴胡

"Filler"的意思是"填充"。作为辅助花材，可填补插花的空隙。如瘤毛獐牙菜、满天星、圆叶柴胡、补血草等。

线状花材

金鱼草　虎眼万年青　翠雀

"Line"是"线形"的意思。茎和花穗等的线条为其特征的花。如虎眼万年青、金鱼草、翠雀、小苍兰。

在花店新鲜花材的挑选方法

在挑选花材时不要拜托花店,要用自己的眼睛仔细看清后去选择。除了应该看清花是否受损外,也不要忘记检查叶子和花萼的状态。虽然比起盛开的花来说,刚要开放的花儿可以长时间欣赏,但是也有花萼硬挺且覆盖着小花蕾的不开花就凋谢的情况。

最近,虽然可以让顾客自己用手选取花儿的花店开始增多,但是因为花比较娇嫩不要随意触碰。需要时可向店员询问征得同意后再取花,或是麻烦店员帮忙取花。对于新鲜花材的进货,切花市场一般是在星期一、三、五营业。因此建议要挑选日子再去花店。

这也想知道

花苞
挑选长着刚要开放的花苞的花材。要避开挑选那些看上去不会开放的硬且小的花苞较多的花材。

花萼
水灵灵的绿色且硬挺有弹性的花萼。

花瓣
摸上去感到硬挺并带有光泽的花瓣。有茶色的斑点或是花瓣变薄、有皱纹的不挑选。

叶片
挑选叶尖硬挺且有弹性的叶片。若是有伤痕和斑点、颜色变黑的叶子,鲜度会下降。

茎
一般来说,茎长的为最好。

挑选非洲菊和菊花等花的中心结实紧密的为宜。

花朵不易凋谢的非洲菊和菊花等,如果不经挑选就买,可能会买到已放置几天的花。要仔细地看花的中心的圆形的部分,挑选那些还没有开放的结实紧密的花。

叶子和花萼、花苞也要仔细检查!

lesson 2 插花道具运用自如

在插花时最低限度必须专门使用的剪刀和便利的花艺师小刀、固定插花使用的吸水性花泥等进行熟练的掌握运用，提高插花的技能。

说起插花时最低限度必须的道具，剪切花材专用的剪刀和花艺师小刀、作为插花的基础而大显身手的吸水性花泥、花器等。这些道具如果运用自如，插花的技能也会得到提高。

为了不损坏吸水用的茎，花剪的刀刃很薄，即使微微用力也可以把粗枝剪短。而花艺师小刀，比花剪更加尖锐易切，在做细小的作业时很方便。对于将花材插在心中所想的位置的固定花泥的使用方法也要熟练掌握。

首先要准备的是花剪。将食指从剪刀的握柄处伸出手握剪刀

在挑选花剪时首先要对刀刃的部分进行认真的检查！要挑选容易出力并且刀刃粗短的剪刀。另外，较好的到支轴的咬合也很重要。在剪切花材时，要斜剪，从刀刃的支轴到先端为止都要使用。

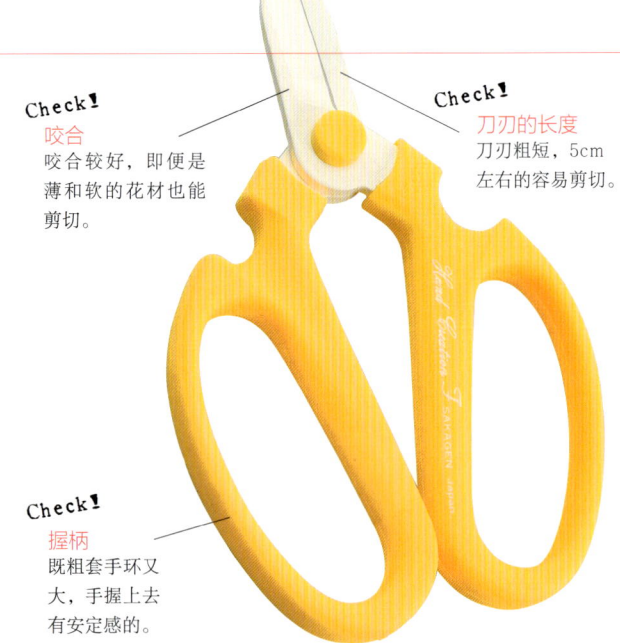

Check! 咬合
咬合较好，即便是薄和软的花材也能剪切。

Check! 刀刃的长度
刀刃粗短，5cm左右的容易剪切。

Check! 握柄
既粗套手环又大，手握上去有安定感的。

花剪的使用方法

将食指从握柄处伸出
用最有力量的食指从握柄处伸出握住剪刀，就不会给手增添负担，而且也容易使用大力气。

剪切时要斜剪
剪切茎也好，剪切枝条也好，若将剪刀斜剪使用，断面会变得尖锐并且吸水力较强。

对于花艺师小刀来说正确的握法是其要点

对于比花剪小而轻的花艺师小刀来说，硬枝条也能一下子将其割断。为了不让小刀从手中"噌"的一下被拔出来，用拇指以外的四根手指握住柄处，用拇指来支撑茎后再切割。这样做的话，支点可以安定，且容易使用力量。

Check！刀尖
向内侧弯曲的小刀是可以用刀尖容易钩住茎来切割，适合初学者。

Check！刀的长度
5~7cm 的小刀。过长的话，不易使用力量，也较危险。

Check！刀柄
可将小刀折叠收纳的类型在走路时携带便利安全。

花艺师小刀使用方法

小刀不动而使茎动
在用小刀切割茎时，一边刀刃要斜靠着茎，一边用拇指来支撑。注意不要让小刀挪动，而是用手将茎向上方拉。

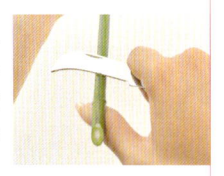

取刺时要从下往上
在去掉月季的刺时，小刀要从下往上移动。相反地，移动时手若滑动会很危险。

吸水性花泥切割后再使其吸水

使用固定切花补给水分的吸水性花泥，可使难于插入切花的花器和不方便放水的花篮等也可以插花。切下与使用的花器的尺寸相当的花泥再使其吸水。花泥使用后会有孔洞，吸水力也会低下，不能反复使用。

吸水性花泥的使用方法

1 决定大小尺寸
将吸水前的花泥放于花器口，轻轻压下就可测量出使用的花泥大小。

2 切割
沿着花泥上留下的印记，用能锋利切割的刀将花泥切割。

3 使其吸水
使花泥轻浮于充足的水中，等待其自然吸水后下沉入水底。

4 切割面
将吸水后的花泥放入花器中，切割整理成缓坡的形状。

Check！形状
推荐与花器相配合，可万能使用的块状花泥。此外也有环型和心形的。

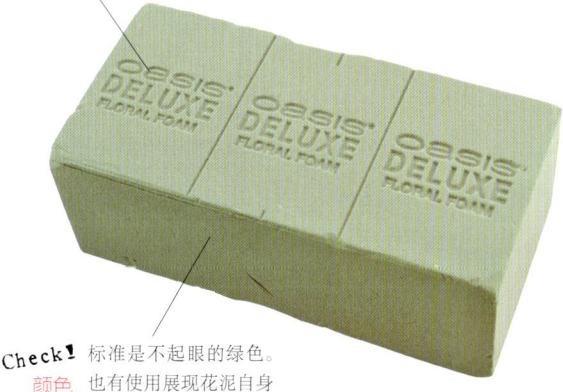

Check！颜色
标准是不起眼的绿色。也有使用展现花泥自身的彩色的类型。

lesson 3 花材的切口处理方式

插花前使花材充分吸水的话，花朵的持久度就会大不相同。从最初的基本的"水中剪切"，到根据适合不同花材的方法的"切口处理方式"，就连萎蔫的花也会恢复生机。

在插花之前，为了使花材容易吸水而进行的充分给水的作业叫"切口处理方式"。通过这个作业的进行，花朵的持久度就会大大提高。

虽然花店通常都会对花材进行切口处理后再使其吸水，但是如果自己将花材的茎剪切后再插花，就有必要重新进行吸水处理的作业。

将茎浸在水中斜剪的作业叫"水中剪切"，这样做茎的切口就不会形成空气膜，用水压增强其吸水力，对大部分的花来说是有效果的。"浸烫法"和"灼烧法"，是用沸水和火的热度将茎中的空气急剧赶走，更进一步提高吸水力。对于吸水效果不好的枝条可用"切口基部十字剪切法"来促使其吸水，根据花材不同有不同的适合吸水的处理方法。

另外，在已完成的插花中花材变得萎蔫时，进行切口处理再吸水是最有效的。换水时进行此作业，可使花材马上充满活力。

要对下面的叶子和花蕾进行处理

在对切口进行吸水处理前，不仅要间隔除掉多余的枝叶，也要摘除掉看上去不会开花的坚硬的小花蕾。这样可防止水分的蒸发和能量的消耗，使花朵长久保持。在插花时浸在水中的枝叶容易腐败，要全部除掉。

（浸在水中的叶子）

接触水的部分的枝叶要预先摘除掉

要摘掉如照片所示的程度

（不开花的花蕾）

将不开花的花蕾剪切掉，为开花节约能量。

"水中剪切"。切口要快速斜剪

切口的处理方式的基本是"水中剪切"。切口要快速斜剪

将茎浸在水中后，距离切口处3~5cm的地方进行"水中剪切"，是切口处理的基本方式。由于斜剪茎后，吸水面会变大，可以吸取更多的水分。水中剪切完成后保持2~3秒茎浸在水中的状态。

在较深的容器中注入水，将茎浸在水中，用花剪对茎进行斜剪。

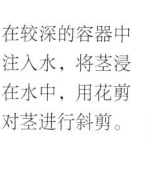

枝条较多的时候，用报纸将其全部卷起后再剪也可以。

斜剪后的断面很大！

吸水面加大，可以吸入更多的水，剪切的茎的断面要尽可能地大。

根据花材各自不同的性质采取不同的切口处理方式

水中折断
菊花·桔梗等

对菊花和桔梗等茎比较粗硬的花材使用"水中折断"的处理方式。也就是将茎浸在水中后，从距离切口处5cm的地方用手指的指尖"咔嚓"一声将其折断。这样放置2~3秒后，将茎的先端浸在水中。

切口基部十字剪切法·切口锤击法
切枝

对于切枝来说，吸水性都较差。在切口处横向和纵向深剪成十字的"切口基部十字剪切法"。而硬枝条则采用将切口处用铁锤锤击敲碎的"切口锤击法"为宜。

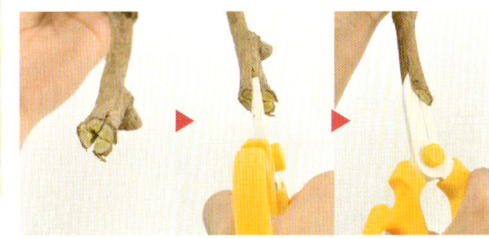

深水法
叶子为结实的花材

采用水中剪切和水中折断的处理方式，花材还未恢复生机时，可放入深水中浸泡一小时以上。由于水压升高，从叶子和茎中也可以吸收水分。做法是用报纸将花材完全包裹卷起后，将一半以上的部分浸在水中。

浸烫法
容易萎蔫的野草等

为了不使热气烫伤花和叶子，用报纸将花材完全包裹卷起后，仅将茎的基部"唰"地放入60~80℃的热水中。看到浸在热水中的茎变色，立即将其取出并放入深水中浸泡一小时以上后，将变色的部分剪掉。此法可使吸水较差的花也恢复生机。

倒淋水法
叶片细小容易焖熟的花材

因为密集生长的小叶片容易焖熟，而用"深水法"又容易使叶片受伤。因此从叶的背面浇水的"倒淋水法"就很有效果。将茎倒转握在手中，用喷雾器给叶片浇水。注意不要将水浇到花上。

灼烧法
茎硬的花材

对于茎硬吸水性较差的花材，可使用灶具的火等将茎的基部灼烧至炭化。灼烧的长度为1~3cm。灼烧的茎变黑后立即浸泡在深水中一个小时左右，之后将灼烧的部分剪切后再插花。

lesson 4 插花的基本技法

对使用的花材进行吸水处理完成后,终于要挑选喜欢的花器开始插花了。对花材的剪切方法和固定花材的技巧等加以提高,想漂亮地进行装饰时,也一定想知道能长时间欣赏花儿的方法吧。

对使用的花材进行吸水处理完成后,终于开始要在花器中插花了,为此要对插花的技巧进行提高。

在花器中插花的场合,首先要知道的,就是"固定花材"的技巧。即使是对于花器口很大,难于进行花材的固定的情况,也可以按照自己所想的位置和角度对花材进行固定的技术。在传统插花中除了被称之为"一枝固定"和"两枝十字交叉固定"等的利用枝条和茎的方法外,也有使用吸水性花泥和剑山等工具的方法。

另外,对有分枝的枝条巧妙地进行剪切使用,或是每次吸水处理后将剪短的新鲜花材换掉之前插在低矮的花器中的即将凋谢的花材等,也是提高插花水平的诀窍。

❀ 分段剪切使用 多枝开花的花材

多枝月季和洋桔梗、翠珠花等,对于这些茎上有分枝并开有许多花的多枝开花花材,为了有效地使用一枝花材而进行巧妙地剪切,使得即使花材支数很少也能插出丰满的插花作品。注意尽可能地不要浪费花材,剪切部位要考虑清楚后再动手。

对于长有分枝的枝条,如果直接使用,插出作品丰满的可能性不大。

将分枝的部分在分叉处剪切后,更进一步地对主枝剪切成长短不一的枝条。这样就方便在插花中的使用。

❀ 插花作品的形状与装饰的场所相协调

明确装饰的场所后,再决定插花作品的形状和大小吧。若是装饰在桌子上,为了不妨碍双方的交谈,注意不要让作品遮挡对面坐着的人的脸,因此插花作品要低于人坐着的时候的视线。推荐的插花作品为从任何一方都能欣赏到的美丽的球型作品。另外,在柜子上等装饰场合,要考虑从前方是否可以看见再插花。

（在桌子上）

作品高度适合,从任何一方都可以看见美丽的球型。

（在柜子上）

使用横向长的花器,插时注意全部的花都朝前方。

即使使用少量的花材，在所想的位置和角度进行插花时，有必要下功夫去掌握固定花材的方法。有柔韧性、没有空洞、切口处不易破碎的茎和枝条与花器的内壁紧密相贴，用来支撑插进花器的花的技术叫"一枝固定"和"两枝十字交叉固定"。使用吸水性花泥和剑山将花材固定的方法的场合，要注意将其巧妙地隐藏在看不见的地方。

使用茎和枝条、道具等在所想的地方进行花的固定

用藤条来固定

将柔韧的细藤条缠绕成球状后设置在花器中，藤条间的空隙可作为固定花材之用。因为是自然素材，所以即使从花器外能看见内部也没关系。

一枝固定

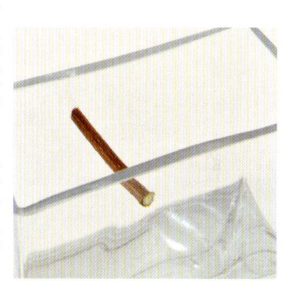

用与花器口的尺寸正好合适的一支茎和枝条来搭桥固定的方法。此方法可用于在广口花器中插入少量花材时使用。预先在花器的上方设置好后可使花材容易固定。

用吸水性花泥来固定

使用吸水性花泥，任意一个方向的插花都能固定。将茎的先端斜剪插入花泥中，花材能牢固地固定。注意需向花泥的中心直直插入。

两枝十字交叉固定

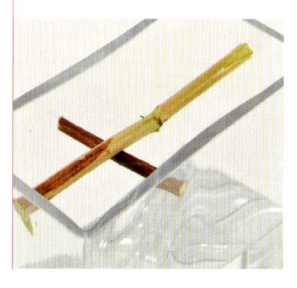

将一枝固定变成两枝固定进行十字交叉后，容器就被分成四等分。此法结实，即使是花朵重的花材也容易进行固定，在一定程度上的高插也是如此。

用剑山来固定

在剑山的针尖上垂直插入茎来固定。想以一定的角度插入时，要慢慢地把茎放倒。若是不能插入针尖的细茎，可将其先插在粗茎后再一起插入剑山。

用叶子来固定

将既宽大又结实的龙血树的叶子卷成几圈后用胶带固定，并将其排列在花器中的做法。此法既可以成为设计的一部分，也可以作为固定花材之用。

创造插花作品的动感——将茎和叶弯曲或卷起

将花材的茎和叶子自在地弯曲或卷起，可使插花作品插出动感。对于马蹄莲和郁金香、非洲菊等没有茎节的直茎，大致都能用手将其弯曲。另外，因为宽大的龙血树的叶子、加莱克斯草等和柔韧的细长的长穗赤箭莎等也能简单地卷起，在插花时下点功夫考虑如何利用这些花材吧。

将茎弯曲

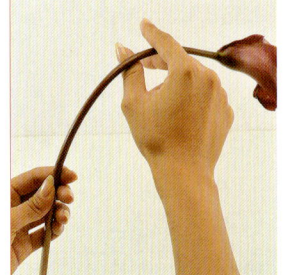

需要将马蹄莲和非洲菊等的茎弯曲时，分别用两只手的拇指和食指将茎握住，朝着预定的弯曲的方向温柔地边拉扯边滑动到花"脖子"处就可以了。

将叶片卷起

将既结实又宽大的龙血树和一叶兰的叶子等，卷成圆形或插在插花的四周，或将其他花材扎成束后茎的部分围成圈等，可以有各种各样的使用方法，很是方便。

除了花器之外——餐具和杂货也可利用

插花时不一定非要使用花器。玻璃制品和杯子、水壶等的餐具、篮子、箱子、空罐子、空瓶子等也可用于插花。一般来说，对于口径窄的容器，用少量的花材就容易取得插花的平衡；对于喇叭型的容器，花材容易固定，插花时容易使其自然地扩展。

将小玻璃杯放置在简约的器皿上的小型插花作品。

放置在厨房中保存食品用的瓶子也适合用于朴素的插花。

插花作品的装饰场所也要考虑

为了能长久欣赏好不容易完成的插花作品中的花儿，除了要尽可能地避免直射阳光和被空调的风吹到外，还要装饰在既不过于寒冷又不过于炎热的场所。原产于热带地区的红掌和兰花等花儿要注意不要放置在室温12℃以下的房间。另外，在光线不太照射到的门口和洗手间等的地方，推荐使用朱顶红和风信子等结实的球根花卉。

原产于热带地区的红掌要装饰在温暖的场所。

这也想知道

可长时间欣赏插花作品的方法

完成的插花作品若是希望能多一天欣赏的话，就不能缺少每天的养护。

首先，每天换水保持清洁是基本。花器的水脏，在切口处的导管（吸水的导管）堵塞，主要是因为茎腐烂后造成的细菌繁殖。因此在换水时要将茎的基部仔细清洗，除掉粘在茎上的滑溜溜的东西。

然后，在干净的水中将茎基部剪切。在剪切掉进入茎中的细菌的同时，茎的断面焕然一新，新鲜的导管就能吸收到水分。

在换水前，注意不要忘记将花器也进行清洗。

基本

每日换水，每次换水时要将茎基部剪切。

插花的水要每天更换。茎的黏滑和花器也要清洗干净。之后，将茎基部剪切增强吸水力。每次都要将枯萎的叶子和花后的残花等除掉，延长欣赏时间。

在干净的水中将茎基部剪切。若是看到还是不能恢复生机时，要采用浸烫法和深水法进行切口处理。

茎的黏滑感是细菌繁殖的信号。每次换水都要将手仔细清洗干净。

应用

在水中放入切花延命剂和漂白剂、十日元的硬币等

不能每天换水的时候，为了补充消耗的养分，可使用糖分和含有在水中杀菌成分的市面上出售的切花延命剂，就不必每天换水了（夏天除外）。对于杀菌可用含氯类的漂白剂和十日元的硬币，对于营养补给可用砂糖（一升水放入一小匙左右）等代替。

切花延命剂
在水中适量使用可延长花朵观赏时间，也可抑制微生物的繁殖。

含氯类漂白剂
将厨房用和洗衣用的含氯类漂白剂按比例1升水注入5~6滴。

十日元的硬币
在一升水中放入2~3枚十日元的硬币，就可发挥铜的杀菌作用。

lesson 5 赠花

母亲节和生日、结婚祝贺、礼品、探望、吊唁等，无论何时都能让人心中温暖的礼仪插花。

风俗和时间、场所、场合相配合，将体谅对方之心作为首要去赠送吧。

在赠送花束和插花等的鲜花礼品时，最重要的一点是，心中想着对方，边考虑那时的气氛边选择。

生日、结婚祝贺、生子祝贺、开店·开业祝贺、发布会和展览会的祝贺、贺寿的祝贺、母亲节和父亲节、结婚纪念日、欢送会、探望、吊唁和供品等，赠花的场合各种各样。既要考虑对方喜欢的花儿和色彩，还要用心去挑选适合对方的花儿。而且，赠送的场所和对方将礼物带回家的场合也要考虑。

最近，关于婚丧喜庆的用花一事，虽然有赠送时不要太过于拘谨的倾向，但是在探望和吊唁的场合在意的人也有，一般来说按照风俗去做比较好。

赠花时的时间、场所、场合以及对于风俗的考虑

因为能使被赠予的对方高兴比什么都要重要，所以要考虑对方的喜好。但在不知道喜好的时候，对于百合等的有强烈香味的花和原色系的深色花因为好恶而有分歧，避开赠送那些花就无可非议了。

虽然在祝贺的场合没有特别要赠送的花，但要注意花"脖子"容易掉落的和花瓣容易凋谢的花不太适合赠送。赠送明亮的华丽的花儿吧。

探望时用的花"生根"与日语的"病倒"的发音相同，"仙客来"这个盆栽名字的日语发音又会让人联想到"死"和"苦"，吊唁的印象强烈的菊花和白色、紫色的花要避免。推荐没有刺鼻香味，可直接装饰在病房的插花。

虽然作为吊唁和供品的花的颜色来说白色和紫色是无可非议的，但根据地方不同也会有所不同。因此在赠花前最好要预先询问与逝者的亲人或朋友。一般来说对于葬礼的场合在祭坛上装饰的花是由殡仪馆来一手承担的，因此事前一定要询问之后再赠花。

Check list

▢ **对方的喜好？**
喜欢的花 不喜欢月季和郁金香、洋桔梗等花的人几乎没有。
喜欢的颜色 不知道的时候，从平时穿的衣服和携带物品的颜色等也可以判断。
喜欢的风格 可爱的、优雅的、有活力的、个性的，适合本人印象等。

▢ **装饰的场所？**
自家和自己的房间 单身生活时不需要大花器和花剪的插花
店和公司 直接可以用来装饰，不用麻烦照看的插花和盆栽都可以。
病房 不管任何场所，不带刺鼻香味的花儿。避免盆栽和仙客来、白色的花儿。
会场 个展会场等若在一定期间装饰选择能保持长久且可以装饰的插花。

▢ **赠送场所？**
自家 投递送达时，要确认对方在家的日子和时间后再安排。
外出地方 为了可以直接随身携带，若把花装入纸袋准备会显得亲切。
餐厅 避免香味浓的花儿，到付钱为止一直交给餐厅保管是明智的做法。
舞台等 赠送大花束和原色的，使用强烈色彩的花束会显得美观大方。

作为礼物的花束的制作方法

若掌握既简单又美观大方的花束的制作方法，准备礼物或土特产时就会有所帮助。若是使用在花园中开放的花儿或是在超市、网店等买到的花儿，会比在花店买到的花便宜许多。

在中心的花儿的四周将一支一支的茎增加并斜插入，若是呈螺旋状握起的"螺旋形花束"，即使是少量的花材也可以扎成自然的呈蓬松状扩展的形状。

这也想知道

选择可以衬托花色的包装纸和缎带。

准备的材料
- 月季……15～20支左右
- 尤加利……5～7支左右
- 胶圈……一个
- 抽纸和厨用纸巾……适量
- 锡箔纸(20×30cm)……两张
- 包装纸……90×90cm
- 缎带(5cm宽)……80cm

1
将月季的叶子和刺去除。月季的茎长，容易作为直立的花材。

2
将茎一点点错开边重叠边一支一支加入月季。

3
按加入三支月季后再加一支尤加利的比例进行重叠。

4
将花束一边回转一边将花材重叠后，用手指将握紧成交点的部分缠绕上胶圈。

5
胶圈缠绕茎3～4周后，再将胶圈套在一支茎上来完全固定。

6
将用胶圈缠绕的位置之下的部分的茎，全部以同样的长度进行剪切。

7
将几张重叠在一起的抽纸和厨用纸巾从茎的切口下面贴上去。

8
将茎的下部7～10cm包裹起来，从上往下充分浇水到能滴出水来为止。

9
为了不让水滴出，用锡箔纸包裹。一张用来将茎卷起，另一张从下将茎包裹。

10
用锡箔纸将茎包裹的状态。这样子保水就万无一失了。

11
将花束放置在包装纸的中央，将花束基部的包装纸的部分折起并覆盖在花束上。

12
将包装纸的左侧的部分折起并覆盖在花束上。

13
将剩下的包装纸的右侧部分折起并覆盖在花束上。

14
将包裹后的花束举起，整理包装纸，再用胶带等将用手握着的部分进行固定。

15
用缎带来回卷两圈扎成蝴蝶结的形状后固定在胶带上起遮挡的作用。

附录

对插花和礼物有帮助

根据花色·季节·用途的不同分类 **推荐花材一览表**

按颜色分类

红色	粉色	黄色	白色	蓝色
爱、热情、勇敢、华丽	温柔、可爱、梦、恋爱	明亮的、精神、天真、落落大方	清洁、纯洁、洁净、洁白	清洁、清爽、知识、信赖
朱顶红 	翠菊 	六出花 	朱顶红 	绣球 
红掌 	康乃馨 	文心兰 	花葱 	刺芹 
康乃馨 	非洲菊 	马蹄莲 	紫罗兰 	风铃草 
新南威尔士洲角瓣木 	香豌豆 	金鱼草 	新娘花 	吉利草 
嘉兰 	郁金香 	水仙 	蝴蝶石斛 	翠雀 
鸡冠花 	洋桔梗 	欧洲油菜 	月季 	天蓝尖瓣木 
仙客来 	石竹 	向日葵 	寒丁子 	矢车菊 
红三叶草 	娜丽花 	小苍兰 	玛格丽特花 	龙胆花 
大丽花 	月季 	堆心菊 	百合 	硬叶蓝刺头 
月季 	百合 	万寿菊 	大阿米芹 	勿忘草 

按季节分类

春
柔和色调、
花木等
冰岛罂粟
冠状银莲花
郁金香
风信子
花毛茛
樱花
花桃
银荆
夏
蓝色系和原色系的花
热带植物等
绣球
姜荷花
鸡冠花
千日红
大丽花
穗花婆婆纳
向日葵
硬叶蓝刺头
秋
野草、红叶的枝条、
切果等
袋鼠爪花
菊花
打破碗花花
波斯菊
芒草
五指果
龙胆花
地榆
冬
圣诞节和正月的花
针叶树、切果等
仙客来
圣诞玫瑰
羽衣甘蓝
山茶
松树
蜡梅
菝葜
草珊瑚

按用途分类

生日
郁金香
向日葵
非洲菊
月季
母亲节
康乃馨
石竹
玛格丽特花
欧丁香
结婚庆贺
新娘花
月季
寒丁子
百合
生子祝贺
屈曲花
非洲菊
香豌豆
天蓝尖瓣木
开店
开业祝贺
朱顶红
树兰
嘉兰
蝴蝶石斛
发表会
展览会
文心兰
唐菖蒲
芍药
大丽花
探望
日本蓝盆花
洋桔梗
娜丽花
花毛茛
吊唁
洋桔梗
菊花
小苍兰
百合

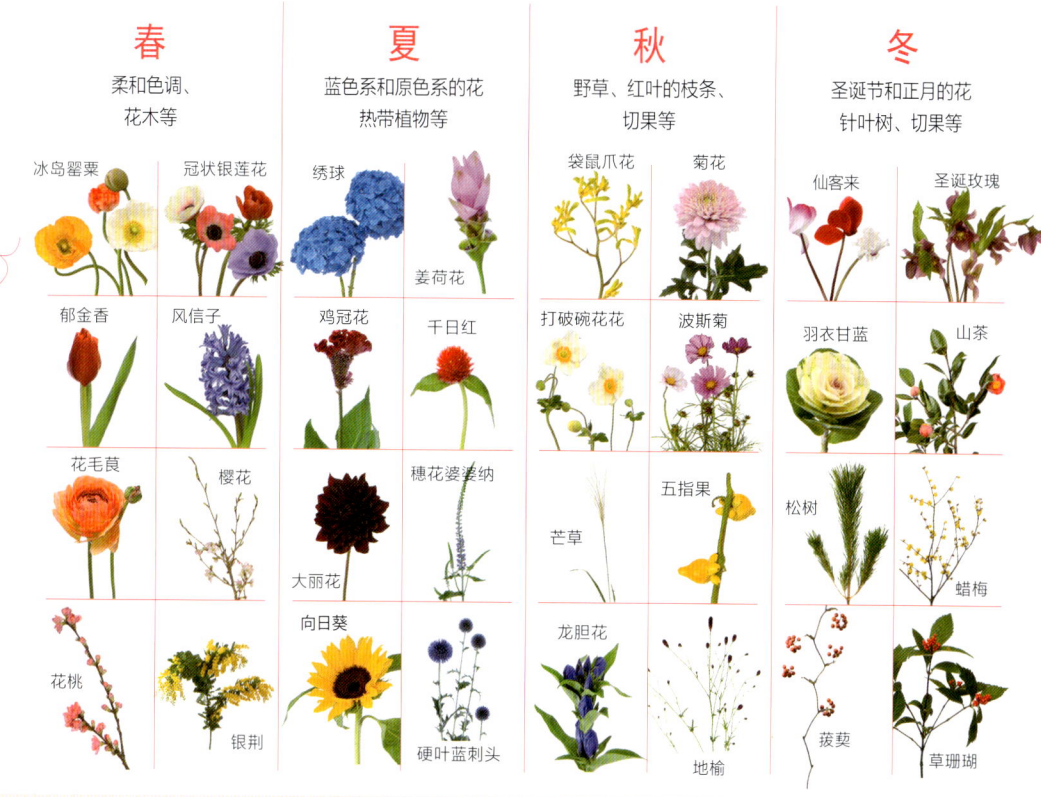

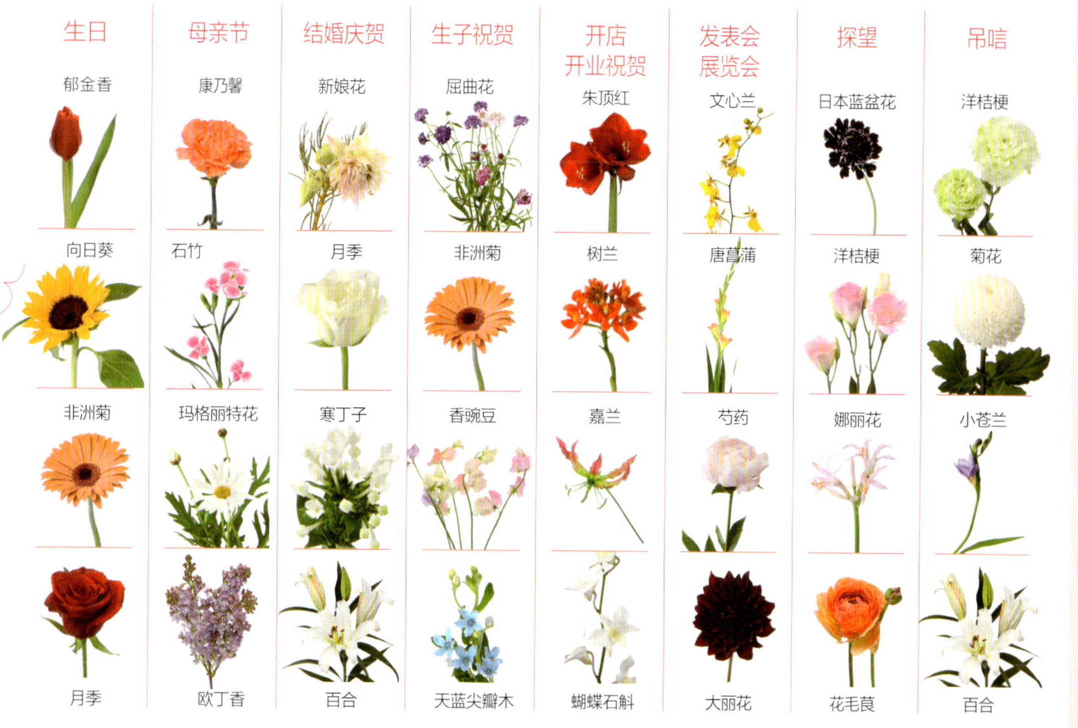

图书在版编目（CIP）数据

花图鉴：421种人气花艺素材图解 / 日本 MONCEAU FLEURS 监修；甘蔚梅译. -- 南昌：江西人民出版社，2018.2（2020.3 重印）

ISBN 978-7-210-09919-2

Ⅰ.①花… Ⅱ.①日… ②甘… Ⅲ.①花卉装饰—图解 Ⅳ.①S688.2-64

中国版本图书馆CIP数据核字(2017)第274336号

HANAYA SAN DE NINKI NO 421 SHU OHBAN HANA ZUKAN
©MONCEAU FLEURS 2011
Originally published in Japan in 2011 by SEITO-SHA CO., LTD
Chinese(Simplified Character only) translation rights arranged
with SEITO-SHA CO., LTD,through TOHAN CORPORATION,TOKYO.

Simplified Chinese translation copyright ©2017 by Ginkgo(Beijing) BookCo., Ltd.
本书中文简体版由银杏树下（北京）图书有限责任公司出版发行。
版权登记号：14-2017-0501

摄影：松冈诚太朗　艺术指导：石仓裕幸（regia）
设计：小池佳代（regia）
插花：长坂厚（MONCEAU FLEURS）、福岛启二（K's club）
执笔编辑：中村裕美・友成响子・满留礼子（羊 company）
花材协助：川崎花卉园艺株式会社
协助：相崎学・吉泽美雪（川崎花卉园艺株式会社）、
　　　冈部阳子（ysteez）

参考文献
《园艺大百科事典》（讲谈社）
《花卉园艺大百科》（主妇与生活社）
《园艺植物大事典》（小学馆）
《花图鉴 切花 增补修订版》（草土出版）
《最新版 花店的"花"图鉴》（角川杂志）
《最新 花店的花图鉴》（主妇之友社）

花图鉴：421种人气花艺素材图解

监修：[日] MONCEAU FLEURS　译者：甘蔚梅
责任编辑：冯雪松　胡小丽　特约编辑：李志丹　筹划出版：银杏树下
出版统筹：吴兴元　营销推广：ONEBOOK　装帧制造：墨白空间
出版发行：江西人民出版社　印刷：天津图文方嘉印刷有限公司
787毫米×1092毫米　1/16　16印张　字数224千字
2018年2月第1版　2020年3月第6次印刷
ISBN 978-7-210-09919-2
定价：99.80元
赣版权登字-01-2017-897

后浪出版咨询（北京）有限责任公司常年法律顾问：北京大成律师事务所　周天晖 copyright@hinabook.com
未经许可，不得以任何方式复制或抄袭本书部分或全部内容
版权所有，侵权必究
如有质量问题，请寄回印厂调换。联系电话：010-64010019